21 世纪中职教育规划教材

珠　算

ZHU　　SUAN

韦雁玲　主编

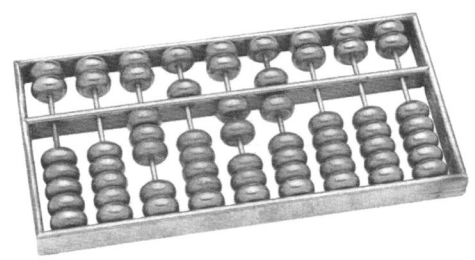

立信会计出版社

图书在版编目(CIP)数据

珠算/韦雁玲主编. —上海：立信会计出版社，
2008.08(2023.8 重印)
ISBN 978 - 7 - 5429 - 2159 - 8

Ⅰ. ①珠… Ⅱ. ①韦… Ⅲ. ①珠算—基本知识 Ⅳ.
①O121.5

中国版本图书馆 CIP 数据核字(2008)第 135736 号

策划编辑　　余　榕
责任编辑　　余　榕
封面设计　　周崇文

珠算
ZHUSUAN

出版发行	立信会计出版社		
地　　址	上海市中山西路 2230 号	邮政编码	200235
电　　话	(021)64411389	传　　真	(021)64411325
网　　址	www.lixinaph.com	电子邮箱	lixinaph2019@126.com
网上书店	http://lixin.jd.com	http://lxkjcbs.tmall.com	
经　　销	各地新华书店		

印　　刷	苏州市古得堡数码印刷有限公司	
开　　本	787 毫米×1092 毫米	1/16
印　　张	10.5	
字　　数	173 千字	
版　　次	2008 年 8 月第 1 版	
印　　次	2023 年 8 月第 10 次	
书　　号	ISBN 978 - 7 - 5429 - 2159 - 8/O	
定　　价	30.00 元	

如有印订差错,请与本社联系调换

总　　序

　　我国社会主义市场经济的发展,需要大量不同层次的经济管理人才,不仅需要高层次的高级管理人才,如本科和高职高专等人才,也需要大量中职水平的适用性人才。培养结构合理的经济管理人才是社会的需要,也是教育工作者的责任和追求。近几年来,在政府的大力支持下,中等职业教育发展很快,它与高职高专相比更具有行业性和实践性,与实际工作联系更加紧密,学生毕业后能尽快地成为第一线的工人或基层管理人员,这也是我国中等职业教育的目的所在。但目前我国中等职业教育的教材滞后,或是本科教材和高职教材的"压缩饼干",其主要原因是没有突出行业性和实践性的特点,理论论述所占的篇幅过多,这就需要改进,也需要广大教育工作者或其他有识之士完成这项工作。本规划教材正是本着这样的思想,为适应我国中等职业教育的特点而编写的。

　　本规划教材的特点在于:理论论述适中,注重操作技能的培养,与当前的有关制度和具体实践相结合,目的在于让使用本规划教材的学生在熟悉必要的理论知识的前提下,系统地掌握实际工作的业务处理技术和方法,成为经济生活中第一线的具有较强操作技能的工作人员。

　　本规划教材由蒋金森担任总主编,根据目前我国中等职业教育开设的课程进行总的设计,并组织各中等职业学校具有高级职称的教师担任各本教材的主编,由富有丰富教学经验的骨干教师参加编写。本规划教材具有较强的适用性,其编写特点是:每章前均有内容提要,起到了提纲挈领的作用,方便读者领会本章的重点、要点和难点;每章后附有有思考题和练习题,以使读者通过学习掌握本章的主要内容和具体的业务处理方法;在每本教材的最后附有练习题答案,还附有模拟试题及其参考答案,以使读者能够把整本教材的内容真正地融会贯通,增强操作技能。本规划教材适用于中等职业教育的教学使用,也可以作为在职经济工作者进修和自学教材使用。

本规划教材的出版得到立信会计出版社的大力支持,尤其是余榕编辑的鼎力协助才促使本规划教材得以顺利出版,在此表示衷心的感谢。

由于编者的学识有限,加之编写时间仓促,特别是对中等职业教育的精神领会尚不够深刻,本规划教材难免会有不足之处,恳请读者批评指正,以便再次修订时补充提高。

编　　者

2008 年 7 月

FOREWORD 前　言

　　珠算是财经类中等职业学校财经专业的主要技能课程之一,是对学生进行能力培养,掌握计算技能,提高学生解决实际问题能力的一门重要的技能课程。本教材根据会计专业和其他相关专业技能要求以及与本课程相关的职业岗位需求作为取材依据,参照有关珠算技术等级鉴定标准编写的,具有教学与实践紧密结合、注重实践性、充分体现职业教育的特点,突出职业技能培养的教学需要。

　　本教材的编者都是多年从事珠算教学,有丰富经验的一线教师。在教材编写过程中结合教学经验及学生学习的特点,在阐明珠算基础知识、基本理论的基础上,突出精讲多练,加强基本技能和动手能力的培养。

　　本教材适合财经类中等职业学校学生珠算课程的教学使用,同时也适合其他相关岗位人员的培训需要。

　　本教材由韦雁玲任主编,许小曼、谢碧宇、阎卫任副主编,马飞参编。

　　由于编者水平有限,疏漏之处在所难免,敬请读者批评指正,以便下次重印时修改提高。

编　　者

2008 年 7 月

CONTENTS 目 录

第一章

珠算基础知识

【内容提要】　　　本章主要讲述珠算的起源与发展,算盘的种类与结构,算盘的记数法和拨珠方法。要求了解珠算产生与发展过程;理解算盘的结构和记数法;熟练掌握拨珠方法及数字书写规定。

第一节　珠算的起源与发展

我国是珠算的发源地,珠算的应用,在我国具有悠久的历史。珠算是我国古代劳动人民在长期生产劳动实践中创造的科学文化遗产之一。算盘具有构造简单、携带方便、计算迅速、价格低廉等优点,是我国人民乐于使用的计算工具。一千多年来,它在金融贸易以及其他行业和人民日常生活中,起了重大的作用。在广泛使用电子计算器的今天,珠算在加减运算中仍占有绝对优势。其教育功能和促进智力发展的功能更是电子计算器所不能代替的,这一点已为科学比较发达的日、美等国所证实。由于我国各行业计算工作的需要,因此需要很好地掌握这一计算技术。

一、珠算的起源

珠算是以算盘作为工具来进行数字计算的一种计算方法。算盘是我国劳动人民创造的一种简便计算工具,并经过长期发展改进。在原始社会,生产力极其低下的时期,人们的计算方法也极其落后,靠数指头、堆石子、打绳结等方法来进行。随着生产力的发展,计算量不断增加,到汉朝时(公元前 206 年至公元 220

年),发展为用"筹码"来进行计算。筹码一般用竹子制成,长约 3~6 寸,直径 1 分。筹码排列成数的方式有纵式和横式两种,如图 1-1 所示。

纵　　式：　｜　｜｜　｜｜｜　｜｜｜｜　｜｜｜｜｜　Ⅰ　ⅠⅠ　ⅠⅠⅠ　ⅠⅠⅠⅠ

横　　式：　一　二　三　三　三　⊥　⊥　⊥　⊥

对应数码：　1　　2　　3　　4　　5　　6　　7　　8　　9

图 1-1　筹码排列成数的方式

到了宋朝(公元 960 年至公元 1279 年),筹码又改进为算珠,这样就逐渐形成今日的七珠算盘。

二、珠算的发展

自明代珠算大师程大位所著《新编直至算法统宗》一书问世后,珠算技术获得广泛运用。该书风行全国,并流传国外。数百年来,珠算也在不断地发展与完善。新中国成立后,党和国家对珠算事业非常重视,于 1979 年成立了中国珠算协会。在其成立后,组织各级珠算协会做了大量工作。例如,举行珠算比赛、组织珠算等级鉴定、开展珠算科学研究,普及珠算教育、改革算具以及与外国进行珠算学术交流等,有力地促进了我国珠算事业的发展。随着生产力的发展,时代赋予珠算新的历史使命,广大科研、教育工作者创造了口算、笔算和珠算相结合的三算,在此基础上发展成为珠脑算(又称珠心算)。珠脑相结合的大脑中形成了映象——脑算盘图,进行加减乘除等运算,其运算速度大大超越珠算,可以产生神奇的计算速度。

我国发明的珠算,也在外国开花结果。珠算从明朝传入日本后,被视为国宝,珠算技术获得广泛运用。日本虽然早就普及电子计算器,但珠算依然长盛不衰。日本的珠算业余补习学校遍布全国,现在每年都有数百万人学珠算,而且还年年举行珠算比赛和组织珠算等级鉴定。美国是科学技术十分发达的国家,20 世纪 70 年代也把珠算视为"新文化"引进,并成立了"全美珠算教育中心",在小学开设珠算课。其目的是通过形象的珠算及珠算教学,使学生较易理解数的概念,有利于克服小学生过早使用电子计算器所带来的弊病。

现在,电子计算机、电子计算器正在逐步推广和普及,珠算的前途和命运如何? 会被淘汰吗? 笔者认为用算盘和用电子计算机、电子计算器,并不矛盾。因为它们各有所长,特别是由于珠算有以下特点,将使它长期存在:

(1) 算盘结构非常简单,价格便宜,运用方便。

（2）用算盘算加、减法，比电子计算器方便，无论计算速度或准确度都优于电子计算器。而经济核算的加、减法计算，又占整个计算工作量的80%以上。

（3）珠算具有独特的教育功能。教小学生学习珠算既形象，又直观，便于理解数的概念，有助于提高算术教学水平。

（4）经常打算盘，可以锻炼人的智力和增强记忆力，使人变得更聪明。

第二节　算盘的种类、构造与记数法

一、算盘的种类

算盘种类很多，我国目前常用的算盘有以下三种：

（1）圆珠大算盘。算珠是圆形，上二下五的七珠大算盘，目前主要流行于南方和西北地区，如图1-2所示。

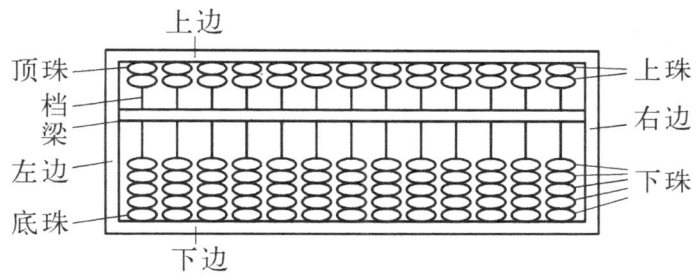

图 1-2　圆珠大算盘

（2）菱珠小算盘。算珠是菱形，上一下四的五珠小算盘（或者上一下五的六珠小算盘），主要流行于东北地区，如图1-3所示。

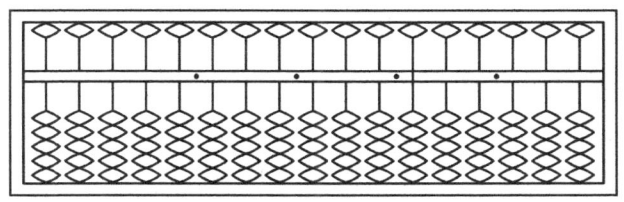

图 1-3　菱珠小算盘

（3）中型清盘器算盘。算珠是菱形，上一下四的五珠算盘，目前流行比较广泛，如图1-4所示。

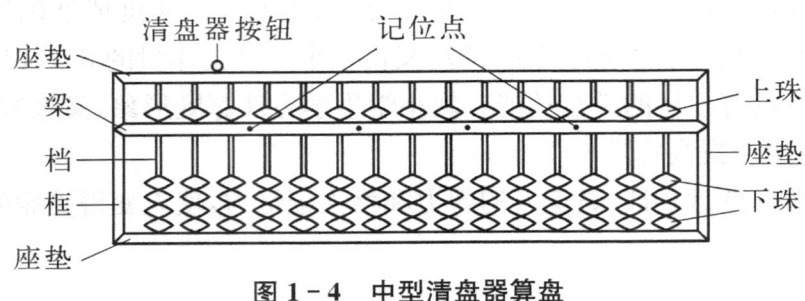

图 1 - 4 中型清盘器算盘

二、算盘的构造

算盘一般是由以下几个部件构成：

（1）框。算盘的四边，分上边、下边、左边、右边。

（2）梁。算盘中间的横木，它将算盘分为上、下两部分，使上、下珠示数不同，通常靠珠表示数值。

（3）记位点。梁上每隔三位，档与档之间镶嵌有金属点，叫做记位点。它与阿拉伯数字书写的三位分节号相对应，便于认定数位。

（4）档。穿算珠的直杆，它是表示数位的，空档表示"0"。

（5）珠。即算珠，用以表示数。上珠每珠代表 5，下珠每珠代表 1。

（6）清盘器。算盘上边靠左的铜按钮叫做清盘器，只要轻微按动，便使靠梁珠全部自动离梁靠边。

（7）坐垫。算盘左边底部两个和右边底部一个，共三个橡胶垫，支撑算盘。

三、算盘的记数法

（一）珠算以算珠靠梁表示数

由于每颗下珠代表 1，每颗上珠代表 5，所以拨 1 颗下珠靠梁代表 1，拨 2 颗下珠靠梁代表 2……拨 1 颗上珠靠梁代表 5。如果拨 1 颗下珠和 1 颗上珠靠梁代表 6。如果无算珠靠梁叫做空档，便代表 0。如图 1 - 5 所示算盘上的数读作"12 346 789"。

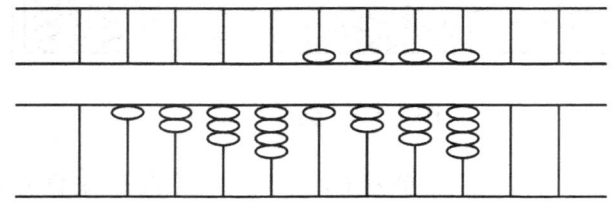

图 1 - 5 珠算数的表示

（二）珠算以档表示数位

每一档代表一位。位次的记法与笔算相同,高位在左,低位在右(若用左手拨珠,则低位在左,高位在右)。在算盘上可任意指定一档为个位。从个位档向左数,依次是十位、百位、千位、万位……从个位档向右数,依次是十分位、百分位、千分位……如图 1-6 所示。

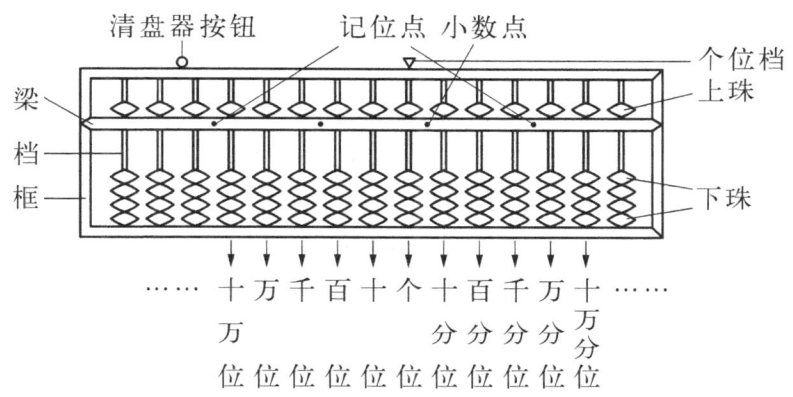

图 1-6　珠算数位的表示

（三）"三位分节制"

打算盘时,为了便于看数、记数和识别档次,宜用"三位分节制"。在算盘横梁上,每隔三档刻一个计位点。写数时,从个位向左数起,每隔三位添一个分节号(用","表示)。例如,可将 13 697 记成 13,697;975 178 记成 975,178;47,600,000.45记成 47,600,000.45。

要把位数多的数拨上算盘时,应先看首位数是在分节号","的前几位,就在算盘对应计位点的前几档拨上首位数,然后再拨其余数字,如图 1-7、1-8所示(注:本书中按出版规定,不用分节号,改为从个位起每三位空 1/4字距)。

【例 1-1】　在算盘上拨出"25 841"。

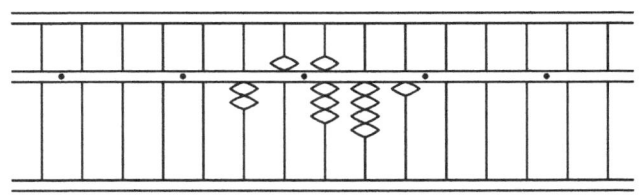

图 1-7　"三位分节制"拨珠示意图(一)

【例1-2】 在算盘上拨出"42.074 6"。

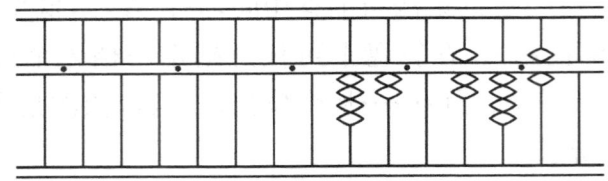

图1-8 "三位分节制"拨珠示意图(二)

第三节 拨珠姿势与指法

珠算是靠拨动算珠进行运算的,所以拨珠是珠算的基本功。无论是加减法还是乘除法,每一步运算都是靠手指拨动算珠来进行的。学好珠算,必须学好拨珠指法,只有正确练习运用指法拨珠,才能提高珠算运算速度。

一、拨珠姿势与要求

(一)拨珠坐姿

图1-9 拨珠坐姿

打算盘姿势很重要,如果姿势不正确,不仅影响运算速度,而且还会引起头痛、眼花等现象。坐姿要求如下:面对桌而坐,身体要坐正,头稍低,腰要直,右手手腕悬起,两脚踏地平放,上身与桌边保持5~10厘米的距离。左手握住算盘的左端,可以协助右手拨珠稳定,同时计算完后可以立即清盘。计算资料要尽量离算盘近一些,以便于运算,如图1-9所示。

(二)拨珠要求

拨珠时要用指尖拨珠,起手轻,落珠稳,不悬珠,不带子;拨珠的顶部,不拨根部,手臂悬空,手腕和臂部活动要灵活自如,手指上下拨动算珠,手腕在梁上面左右移动。

二、拨珠指法

拨珠指法主要有三种:单指独拨、两指联拨、三指联拨。

(一)单指独拨

为了使拨珠迅速,并适合算珠位置和拨珠方向,拇、食、中指要严格分工,不能乱用。

（1）拇指：位形图为"⟍"［其中，"↑"（"↓"）表示拨珠方向，"—"表示梁，下亦同］，意为拇指拨上珠靠梁，如拨 1、2、3、4 靠梁。

（2）食指：位形图为"↓"，意为食指拨下珠离梁，如拨 1、2、3、4 离梁。

（3）中指：位形图为"↕"，意为拨上珠靠梁和离梁，如拨入 5、拨去 5。

 练一练

> （1）将 1、2、3、4…全盘拨入，再减去 1、2、3、4…
> （2）将 5、5、5、5…全盘拨入，再减去 5、5、5、5…

（二）两指联拨

为了提高拨珠速度，必须学习两指联拨的指法，各指的分工与单指独拨一样。联拨时要求两个动作同时进行，只能听到一个声音。

（1）拇、中联拨（双合）。位形图为"⥮"，如拨 6、7、8、9。

（2）拇、中联拨（双上）。位形图为"⥣"，如拨 5－2＝？

（3）食、中指联拨（双下）。位形图为"⥥"，如拨 2＋3＝？

（4）拇、食指联拨（扭进、扭退）。位形图为"↑ ↓"，如拨 4＋6＝？ 或位形图为"↓ ↑"，如拨 10－6＝？

（三）三指联拨

拇、食、中三指联拨。拨珠时要求三个动作同时完成。位形图为"⥮⥣"，如拨 6＋4＝？

 练一练

> （1）每次全盘拨入 1、2、3、4，分别加上 4、3、2、1。
> （2）每次全盘拨入 5，分别减去 4、3、2、1。
> （3）将 6、7、8、9 全盘拨入，对应减去 6、7、8、9。
> （4）将 4 321 拨入，加上 6 789。
> （5）将 6 789 拨入，加上 4 321。

三、握笔方法

握笔打算盘,有利于提高计算效率,但必须掌握方法。比较好的握笔方法有以下三种:

(1)中指、食指执笔法。笔杆以拇指、中指为依托,笔尖从中指、食指间穿出,五指弯曲进行拨珠运算,可用于中型清盘器算盘和菱珠小算盘。如图1-10所示。

(2)中指、无名指执笔法。笔杆以拇指、无名指为依托,笔尖从中指、无名指间穿出。这种执笔法可以全部腾出食指,自由运算,可用于中型清盘器算盘和菱珠小算盘,如图1-11所示。

(3)掌心执笔法。用小手指和无名指将笔杆握在掌心,笔尖从小手指根部穿出,指距笔尖3厘米处。这种执笔法可以全部腾出拇指、食指和中指,方便拨珠运算,可用于中型清盘器算盘、菱珠小算盘和圆珠大算盘,如图1-12所示。

 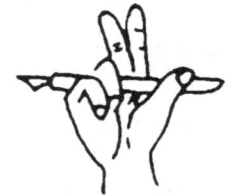 

图1-10 中指、食指执笔法   图1-11 中指、无名指执笔法   图1-12 掌心执笔法

四、清盘

在珠算运算前,要将所有靠梁的算珠拨离梁,使全部算珠靠边,这叫做清盘。有些算盘配备有清盘器,可用清盘器清盘。如无清盘器,则用手指清盘。常见的清盘方法有以下四种:

(1)逐位清盘。即在写了答数后,每看一位数,对照算盘的数,清一档珠,逐位清盘。它的好处是可以复核所写答数是否正确,如果写错了,可及时发现予以更正。在实际工作中,多数采用这种方法清盘。

(2)四指清盘。即同时用四个手指(不含拇指)分别把上、下珠拨离梁。

(3)快速清盘。即用拇指和另外两指合拢(拇指在梁下方,食指和中指在梁上方),沿着算盘的横梁,由右至左迅速移动,利用手指对算珠的推力,把算珠弹到上、下边。清盘时,用力要小,但速度要快。

(4)改数清盘。即把算盘上已无用的数改为需要的数。

第四节　数字的书写方法

数字的书写是财经人员的一项基本技能,必须与计算技术同样重视,认真练习。要做好财会工作,不单纯是"算",还有一个重要的方面,那就是"写"。俗话说"能写会算",在"写"这方面,除了对文字书写的要求之外,还对数字的书写要求达到规范化,书写错了也必须按更正规则更正,不能随意涂改。在财会工作中,常用的数字有阿拉伯数字和中文大写数字两大类。

一、阿拉伯数字的书写

阿拉伯数字,有 1、2、3、4、5、6、7、8、9、0 这十个数字,是各国通用的数字。

（一）数字书写规定

1. 书写要与数位相结合

写数时,每一个数字都要占有一个位置,每一个位置表示各种不同单位。数字所在的位置表示的单位,称为"数位"。数位按照个、十、百、千、万的顺序,是由小到大,从右到左排列的,但写数和读数的习惯顺序,都是由大到小,从左到右的。

阿拉伯数字在书写时,是与数位结合一起的。书写的顺序是由高位到低位,从左到右依次写出各位数字。

2. 采用三位分节制

使用分节号能够较容易辨认数的数位,有利于数字的书写、阅读和计算工作。

数的整数部分,采用国际通用的"三位分节制"。

带小数的数,应将小数点记在个位与十分位之间的下方。

例如：1 047.56。

一般账表凭证的金额栏印有分位格,元位前每三位印一粗线代表分节号,元位与角位之间的粗线则代表小数点,记数时不要再另加分节号或小数点。

三位分节制顺口溜：个十百千万,三位分一段,

一段前千位,二段前百万,

三段前十亿,好读又好记。

3. 关于人民币符号的使用

"￥"是拼音"yuan"的缩写,￥既代表了人民币的币制,又表示了人民币"元"的单位,所以小写金额前填写"￥"后,数字之后不用写"元"了。例如,￥8 300.05

表示人民币捌仟叁佰元零伍分。

书写时,在"¥"与数字之间不能留空,以防止金额数字被人涂改。此外,书写人民币符号"¥",尤其是草书写"¥"要注意与数字7、9有所区别。

在登记账簿、编制报表时不能使用"¥",因为账簿、报表上,不存在金额数字被涂改而造成损失的情况。在账面或报表上如果使用"¥"符号,反而会增加错误的可能性。

4. 关于金额角、分的写法

在无金额分位格的凭证上,所有以"元"为单位的阿拉伯数字,除表示单价等情况外,一律写到角分;无角分的,角位和分位可写"00",或符号"—";例如,人民币伍拾元整应写成¥50.00或¥50.—;有角无分的,分位应写"0"而不能用其他符号代替,例如,人民币叁拾柒元伍角应写成¥37.50。

(二)账表凭证上数字的书写要求

数字书写的基本要求是清晰、娟秀、流畅,在一定程度上与具体书写每一个字的基本方法有关。同时,要使所书写的数字规格匀称,美观大方,使人一目了然。切忌潦草或似是而非,令人难以辨认。在有金额分位格的账表凭证上,主要是在账簿上,阿拉伯数字的书写,结合记账规则需要,有特定的要求。

1. 规范化写法实例

阿拉伯数字的写法,如图1-13所示。

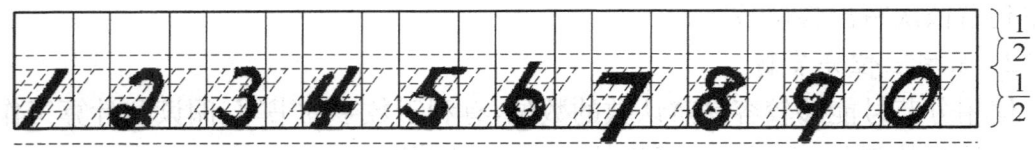

图1-13 阿拉伯数字的写法

2. 各个数字的书写要领

(1)数字的写法是自上而下,先左后右书写,不能连写,以免分辨不清。

(2)斜度以60度为准。

(3)高度以账表格子的1/2为准。

(4)"1"字不能写得比其他数字短,以防被篡改。

(5)"2"字不能写成"Z",以防被改作3。

(6)"3"字要使起笔处至转弯距离稍长,不宜太短,同时转弯处要光滑,使其不易被误认为5。

(7)"4"的顶部不要封口。

（8）"5"字的短横与"称勾"必须明显，切不可拖泥带水，以免与8混淆。

（9）"6"的竖上伸至上半格的1/4。

（10）除了7和9上应低半格的1/4，下伸次行下半格的1/4外，其他数字都靠在底线写。

（11）"8"字要注意上下两圈明显可见。

（12）"0"字不要写得太小了，不要缺口，以防被改作9。

（13）从高位写起，以后各格必须写完，如壹仟贰佰元，应写成如图1－14所示。

亿	千	百	十	万	千	百	十	元	角	分
					1	2	0	0	0	0

图1－14 数字的书写

不能写成如图1－15所示。

亿	千	百	十	万	千	百	十	元	角	分
					1	2	0	0		

图1－15 数字的书写

也不能写成如图1－16所示。

亿	千	百	十	万	千	百	十	元	角	分
					1	2				

图1－16 数字的书写

3. 数字写错更正

数字写错需要更正时，不论写错的数字是一个还是几个，应把全部数字用一道红线划销，在红线左端加盖经手人私章，然后再把正确的数字写在错误数字的上面，不得任意涂改、挖补、刀刮和用橡皮擦，更不得用药水销蚀，以保证数字的真实正确，如图1－17所示。

亿	千	百	十	万	千	百	十	元	角	分
				盖章	3 ̶3̶	1 ̶2̶	1 ̶1̶	4 ̶4̶	5 ̶5̶	1 ̶1̶

图 1-17　数字的更正

二、汉字大写数字的书写

在填写发票收付款、凭证等单据的金额时,除了要用阿拉伯数字书写外,还要用中文大写数字书写,其目的是为了防止数字被篡改。汉字大写数字书写的有关规定如下。

1. 用正楷字或行书字书写

汉字书写大写金额数字,一律用正楷字或行书字书写,如写成"壹、贰、叁、肆、伍、陆、柒、捌、玖、拾、佰、仟、万、亿、圆(元)、角、分、零、整(正)"等易于辨认、不易被涂改的字样,而不能用"一、二、三、四、五、六、七、八、九、十、园"等字样代替。

2. "人民币"与数字之间不能留有空位

有固定格式的重要单证,大写金额栏一般都印有"人民币"字样,数字应紧接在"人民币"后面书写,中间不得留空。大写金额栏没有印"人民币"字样的,应加填"人民币"三字。

3. "整(正)"字的用法

汉字大写金额数字到"元"为止的,在"元"字之后,应写"整"字。汉字大写金额数字有"角、分"的,"角、分"字后面不写"整"字。

4. 有关"零"的写法

阿拉伯金额数字有"0"时,汉字大写金额应怎样书写?这要看"0"所在的位置。对于数字尾部的"0",不管是一个还是连续几个,汉字大写到非零数位后,用一个"整(正)"字结尾,都不需用"零"来表示。现举例说明如下:

(1)阿拉伯金额数字中间有"0"时,汉字大写金额要写"零"字。例如,"¥204.76",汉字大写金额应写成"人民币贰佰零肆元柒角陆分"。

(2)阿拉伯金额数字中间连续有几个"0"时,汉字大写金额可以只写一个"零"字。例如,"¥7 008.13",汉字大写金额应写成"人民币柒仟零捌元壹角叁分"。

(3)阿拉伯金额数字元位是"0",或者数字中间连续有几个"0",元位也是"0",但角位不是"0"时,汉字大写金额中可以只写一个"零"字,也可以不写"零"。例如,"¥4 380.52",汉字大写金额应写成"人民币肆仟叁佰捌拾元零伍角贰分",或者写成"人民币肆仟叁佰捌拾元伍角贰分"。

（4）阿拉伯数字角位是"0"，而分位不是"0"的，汉字大写金额"元"字后面应写"零"。例如，"￥245.03"，汉字大写金额应写成"人民币贰佰肆拾伍元零叁分"。

5. 壹拾几的"壹"字不得遗漏

关于壹拾几的"壹"字，在书写汉字大写金额数字中不能遗漏。我们平时口语习惯"拾几"、"拾几万"，但"拾"字仅代表数位，并不是数字。例如，"￥315.76"，汉字大写金额应写成"人民币叁佰壹拾伍元柒角陆分"；"￥150 000.00"，应写成"人民币壹拾伍万元整"。

 **练一练**

> 1. 将下列的阿拉伯数字金额，用中文大写数字表示。
> （1）￥345 628 925.36
> （2）￥400 925.06
> （3）￥5 628
> （4）￥13.65
> 2. 将下列大写金额，用阿拉伯数字表示。
> （1）人民币叁仟零陆拾元整
> （2）人民币捌万捌仟伍佰玖拾肆元叁角柒分
> （3）人民币柒万伍仟零陆拾元零玖分
> （4）人民币玖拾万零陆仟柒佰零叁元整

综 合 练 习

1. 用小写数字写出下列各数。
（1）人民币陆拾伍万叁仟肆佰陆拾壹元整
（2）人民币柒佰零伍万元整
（3）人民币贰佰肆拾伍万零壹佰叁拾肆元零叁分
（4）人民币玖拾陆万零柒元伍角
（5）人民币壹佰贰拾叁万伍仟肆佰陆拾元整
（6）人民币玖拾元整
（7）人民币捌仟零肆拾元伍角叁分
（8）人民币叁佰零肆元零陆分

（9）人民币贰拾伍万零叁佰肆拾元零捌分

（10）人民币捌拾叁万元零陆分

2. 用汉字大写金额数字写出下列各数。

（1）￥7 824.00

（2）￥5 007 028.18

（3）￥4 760.30

（4）￥950 032 118.00

（5）￥420 389 043.09

（6）￥389 548.60

（7）￥2 175.06

（8）￥840 007.00

（9）￥560 000.43

（10）￥18 040 702.07

第二章

珠 算 加 减 法

【内容提要】　　本章主要讲述珠算传统的加减法、无口诀加减法及加减中常用的运算技巧；在无口诀加减法中特别介绍了加减运算中常遇到的一些特殊情况，如隔档借位减、倒减法。要求熟练掌握珠算无口诀加减法中四种类型的运算规律，达到不假思索，见数拨珠。重点掌握加减中运算技巧，提高运算速度。

第一节　传统的加减法

加减法是珠算四则运算的基础，在熟练掌握加减运算方法之后，才有利于掌握乘除的运算。传统的加减法是使用口诀的，它根据算盘位数、档位和五升十进等特点，结合加减数字的内容，科学地概括、总结出来的。中国传统的加减口诀是在明代形成，初见于明代吴敬《九章详注比类算法大全》一书，之后逐步改进而成的。

对于初学者来说，在进行珠算加减法运算时，只要正确掌握加减法口诀，按口诀的拨珠法进行运算，就能很快计算出所需要的数据。熟练后，可不用口诀直接运算。口诀要领可概括为四个字：上、下、进、退。

一、口诀及指法

加减法的口诀及指法如表 2 - 1 所示。

表 2 - 1　加减法口诀及指法

珠算加法口诀（分四类）	指　法	珠算减法口诀（分四类）	指　法
第一类口诀（直接加）		第一类口诀（直接减）	
1 上一 2 上二 3 上三 4 上四	用拇指将珠向上拨靠梁	1 下一 2 下二 3 下三 4 下四	用食指将靠梁的下珠拨去
5 上五	用中指将上珠拨靠梁	5 下五	用中指将上珠拨离梁
6 上六 7 上七 8 上八 9 上九	用拇指和中指同时将上下珠拨靠梁	6 下六 7 下七 8 下八 9 下九	用中指和食指将靠梁的上下珠拨离梁
第二类口诀（补五加也叫凑五加）		第二类口诀（破五加）	
1 下五去四 2 下五去三 3 下五去二 4 下五去一	用中指将上珠拨下靠梁，同时用食指将靠梁的下珠拨去	1 上四去五 2 上三去五 3 上二去五 4 上一去五	用拇指将下珠拨靠梁，同时用中指将靠梁的上珠拨离梁
第三类口诀（进位加）		第三类口诀（退位加）	
1 去九进一 2 去八进一 3 去七进一 4 去六进一	用中指和食指将靠梁的算珠拨去，同时用拇指在其左一档拨上一颗下珠靠梁	1 退一还九 2 退一还八 3 退一还七 4 退一还六	用食指将左档靠梁的下珠拨离梁，同时用拇指在其右一档下珠拨靠梁
5 去五进一	先用中指将靠梁的算珠拨去，再用拇指在其左一档拨上一颗下珠靠梁	5 退一还五	用食指将左档靠梁的下珠拨离梁，同时用中指在其右档上珠拨靠梁
6 去四进一 7 去三进一 8 去二进一 9 去一进一	用食指拨去下珠，再用拇指在其左一档拨一颗下珠靠梁	6 退一还四 7 退一还三 8 退一还二 9 退一还一	用食指将左档靠梁的下珠拨离梁，同时用拇指在其右一档下珠拨靠梁

（续表）

珠算加法 口诀(分四类)	指　法	珠算减法 口诀(分四类)	指　法
第四类口诀（破五进位加）		第四类口诀（退十补五减）	
6 上一去五进一 7 上二去五进一 8 上三去五进一 9 上四去五进一	用拇指拨下珠靠梁，同时用中指把上珠拨离梁，再用拇指在其左一档拨一颗下珠靠梁	6 退一还五去一 7 退一还五去二 8 退一还五去三 9 退一还五去四	用食指拨一颗下珠靠边，在其右档上用中指拨上珠靠梁，同时用食指拨下珠离梁

二、传统加减法的具体运算

在多位数加减法运算中，其基本步骤、方法如下：

（1）固定个位。根据运算的需要，一般把右起第一个计位点作为小数点，一经选定，在整个运算过程中保持不变。

（2）置数。将被加数或被减数从左至右，按数的位次从高位到低位拨入算盘。

（3）对准数位。同一数位上的数对齐，即个位对个位，十位对十位，百位对百位……进行加减。

（4）从左至右。珠算运算顺序与笔算运算顺序相反，是从左至右逐位相加减。

（5）结果。最后盘上靠梁的算珠表示的数，为所求结果。

第二节　无口诀加减法

珠算的传统加减法可以根据口诀拨珠进行运算，这是它的优点，但是机械记忆口诀，有碍珠算与脑算结合，影响运算速度的进一步提高。因此，根据算盘具有五升十进、灵活可变的计算特点，只要懂得上下珠、左右档和分解的规律，配以正确的拨珠方法，就可以做到加减运算不用口诀，达到条件反射，见数拨珠。

无口诀加减法的关键是要熟练掌握珠算运算中两种数的构成，学会数的组合与分解，即凑数、补数的方法，如表 2 - 2 所示。

表 2－2　凑数、补数的方法

数	5	10
构　数	1 与 4	1 与 9
	2 与 3	2 与 8
		3 与 7
		4 与 6
		5 与 5
关　系	互为凑数	互为补数

　　珠算加减法共有三种情况,即直加法和直减法,凑五加法和破五减法,进位加法和退位减法。下面分别予以介绍。

一、直加法和直减法

1. 直加法

　　珠算中加法运算的关键是看外珠是否够加入所需加入的数。其拨珠规律为:**加看外珠,够加直加。**

【例 2－1】　521＋457＝978

运算步骤:

　　(1)固定个位档(一般把右起第一个计位点作为小数点)把被加数 521 拨入盘,从高位开始拨珠靠梁。

　　(2)从左至右对准数位,把加数 457 拨珠入盘,外珠够加直加。运用指法为:双合(拇指、中指联拨),如图 2－1 和图 2－2 所示。

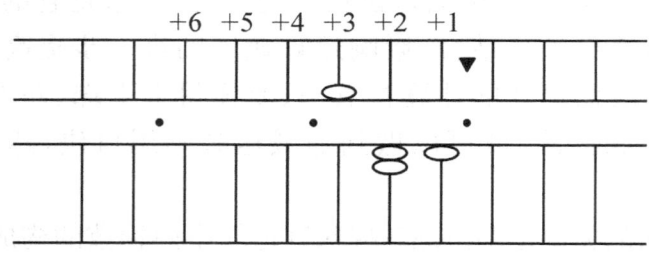

图 2－1　直加的拨珠方法(一)

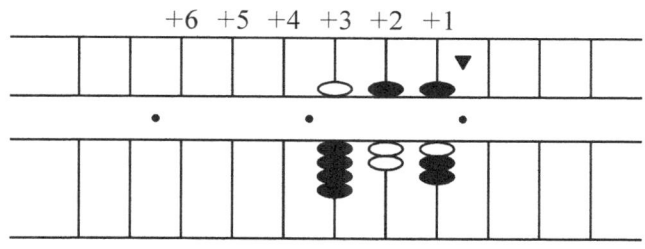

图 2－2 直加的拨珠方法（二）

注：图 2－1 和图 2－2 中，为了让两次拨珠有所区别，
第一次拨的珠用白珠表示，第二次拨的珠用黑珠表示。

2. 直减法

珠算中减法运算的关键是看内珠是否减去入所需减的数。其拨珠规律为：**减看内珠，够减直减。**

【**例 2－2**】 4 697－3 562＝1 135

运算步骤：

（1）固定个位档，把被减数 4 697 拨珠入盘，从高位开始拨珠靠梁。

（2）从左至右对准数位，把减数 3 562 从内珠中减去，内珠够减直减。

如图 2－3 和图 2－4 所示。

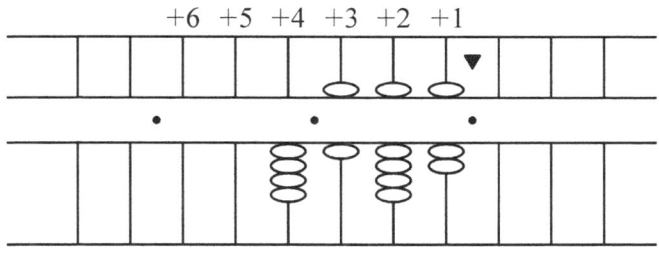

图 2－3 直减的拨珠方法（一）

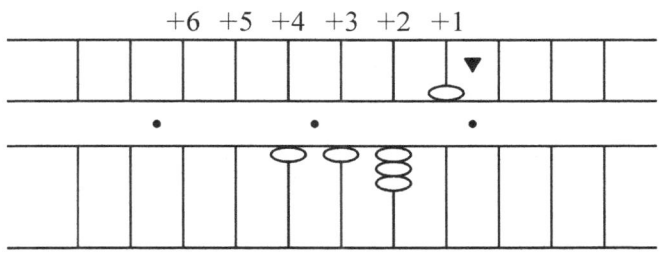

图 2－4 直减的拨珠方法（二）

练一练

直加直减练习：
(1) 24＋15　　　　　　(2) 51＋32
(3) 511＋32　　　　　 (4) 0.25＋1.62
(5) 7 142＋2 351　　 (6) 79－25
(7) 932－321　　　　 (8) 153.74－52.62
(9) 1 627－1 126　　 (10) 9 043－8 042

二、凑五加法和破五减法

1. 凑五加法

两个数相加,如果被加数只有下珠,当在其上加 1、2、3、4 时,其和等于 5 或大于 5 且不满 10 时,而本档下珠不够加,则需利用上珠 5,然后减去多加出的部分(加数的凑数),这种加法称为凑五加法。运算规律为:**下珠不够,加五减凑**。算式表达为:

$$+1＝+5-4, +2＝+5-3, +3＝+5-2, +4＝+5-1。$$

练一练

在算盘中分次拨入 1、2、3、4,分别加上 4,练习加五减凑,配合指法练习:双下(中、食指连拨)。

【例 2-3】　4 344＋1 413＝5 757

运算步骤:

(1) 固定个位档,把被加数 4 344 拨入盘,从高位开始拨珠靠梁,如图 2-5 所示。

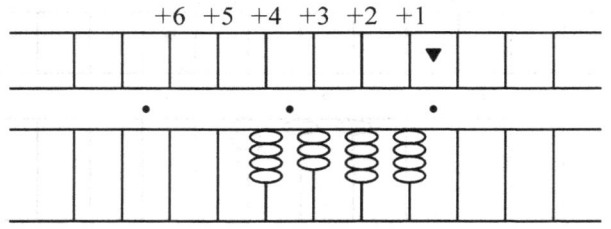

图 2-5　凑五加的拨珠方法(一)

（2）从左至右对准数位,利用凑五加规律把加数 1 413 拨珠入盘,得 5 757,如图 2 - 6 所示。

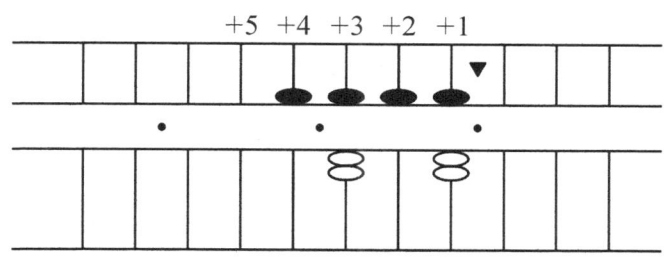

图 2 - 6　凑五加的拨珠方法(二)

2. 破五减法

在减法运算中,如果不能直接从本档下珠中减 1、2、3、4 时,必须利用上珠才能相减,先减去上珠 5,再加还多减的数(减数的凑数),这种减法称为破五减法。运算规律为:**下珠不够,加凑减五。**算式表达为:

$$-1=+4-5,-2=+3-5,-3=+2-5,-4=+1-5。$$

 **练一练**

在算盘中拨入 5,分别减 1、2、3、4,练习加凑减五,配合指法练习:双上(拇、中指连拨)。

【例 2 - 4】　785－443＝342

运算步骤:

（1）固定个位档,把被减数 785 拨入盘,从高位开始拨珠靠梁,如图 2 - 7 所示。

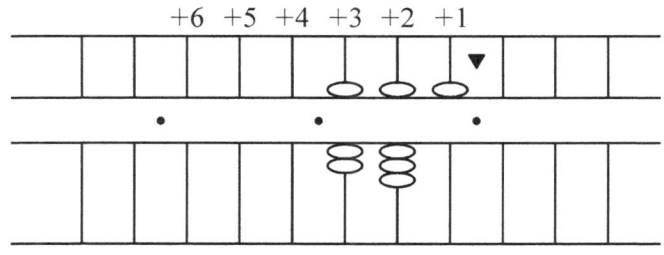

图 2 - 7　破五减的拨珠方法(一)

（2）从左至右对准数位,利用破五减规律把减数443从785中减去,得342,如图2-8所示。

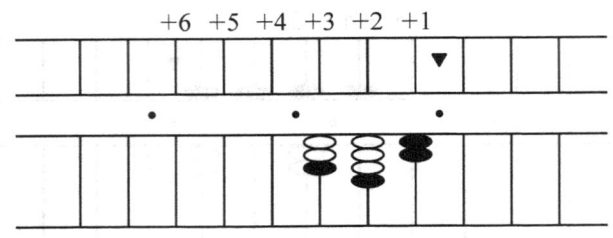

图 2-8　破五减的拨珠方法(二)

 **练一练**

凑五加和破五减练习:

(1) 432＋324

(2) 124.34＋423.32

(3) 3 142＋4 342

(4) 31.42＋4.34

(5) 234.24＋321.43

(6) 6 578－3 234

(7) 567.65－134.12

(8) 756.85－324.42

(9) 8 576－4 343

(10) 5 678－2 344

三、进位加法和退位减法

根据补数概念,两个数之和为 10,这两个数就互称为补数。一位数互为补数共有五组,即 1 与 9、2 与 8、3 与 7、4 与 6、5 与 5。

1. 进位加法

本档被加数加上加数等于或大于 10,需向前一档进 1,这种加法叫进位加法。其运算规律为:**本档满十,减补进一**。算式表达为:

$$+1＝+10-9, +2＝+10-8, +3＝+10-7, +4＝+10-6, +5＝$$
$$+10-5, +6＝+10-4, +7＝+10-3, +8＝+10-2, +9＝+10-1。$$

【**例 2-5**】　3 658＋917＝4 575

运算步骤:

(1) 固定个位档,把被加数 3 658 拨入盘,从高位开始拨珠靠梁,如图 2-9 所示。

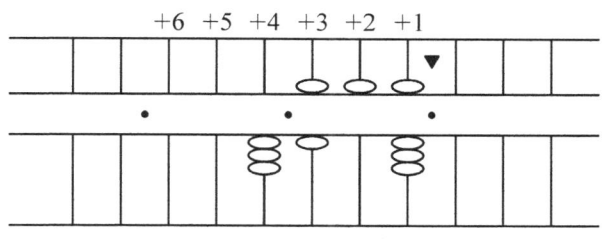

图 2-9 进位加的拨珠方法（一）

（2）从左至右对准数位，利用进位加规律把加数 917 拨珠入盘，得 4 575。运用指法为：扭进（拇、食指连拨）、三指联拨，如图 2-10 所示。

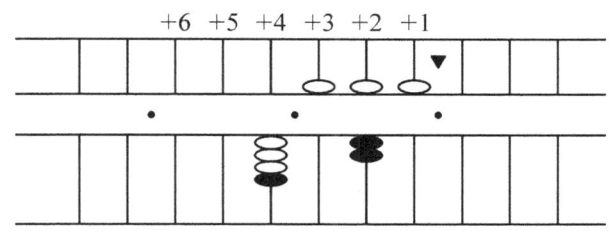

图 2-10 进位加的拨珠方法（二）

练一练

（1）在算盘中分次拨入 1、2、3、4，分别加上 9、8、7、6，练习进位加，配合指法练习：扭进（拇、食指连拨）。

（2）在算盘中分次拨入 9、8、7、6，分别加上 1、2、3、4，练习进位加，配合指法练习：三指联拨。

想一想

利用什么规律来计算 5+8=？

2. 退位减法

两数相减，本档被减数不够减，需向前一档"借 1"，这种减法叫退位减法。运算规律为：本档不够减，退一加补。算式表达为：

$-1=-10+9,-2=-10+8,-3=-10+7,-4=-10+6,-5=$

$-10+5,-6=-10+4,-7=-10+3,-8=-10+2,-9=-10+1。$

【例 2－6】 36－9＝27

运算步骤：

（1）固定个位档，把被减数 36 拨入盘，从高位开始拨珠靠梁，如图 2－11 所示。

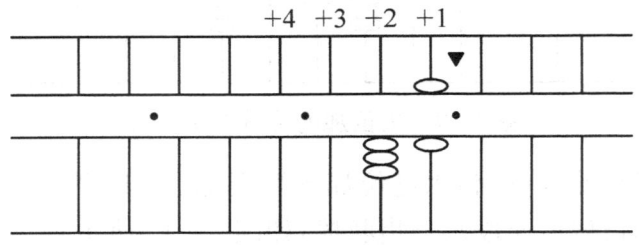

图 2－11　退位减的拨珠方法（一）

（2）从左至右对准数位，利用退位减规律把减数 9 拨珠入盘，得 27，如图 2－12 所示。

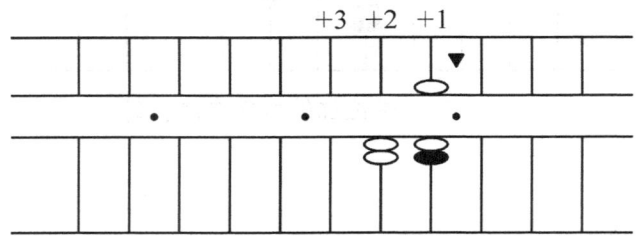

图 2－12　退位减的拨珠方法（二）

 **想一想**

利用什么规律来计算 14－8＝?

加减法的三种情况是互相结合运用的，其关键是弄清两种数的关系，且配合正确的指法，这样才能打得又快又准。打算盘时要注意：左手点数，计算资料放在算盘正下方，右手握笔打算盘。

 **练一练**

进位加和退位减练习：

（1）57＋59　　　　　　　　　　（2）41.62＋79.58

（3）9 648＋7 987　　　　　　　　（4）729.89＋482.54

（5）6 578＋6 766
（6）357.85＋67.69
（7）16 752－7 968
（8）14 268－5 879
（9）257.34－89.45
（10）24 433－9 768
（11）34 232－8 676
（12）22 716－8 937

第三节　隔档借位减法

在减法运算中,遇到不够减时,向左一档借来减,当左一档再不够借时,需继续往前借,直到借到为止,称为隔档借位减法。以下通过举例介绍隔档借位减法。

一、隔一档借

【例 2 - 7】　3 578－2 587＝991

运算步骤:

（1）固定个位档,把被减数 3 578 拨入盘,从高位开始拨珠靠梁,如图 2 - 13 所示。

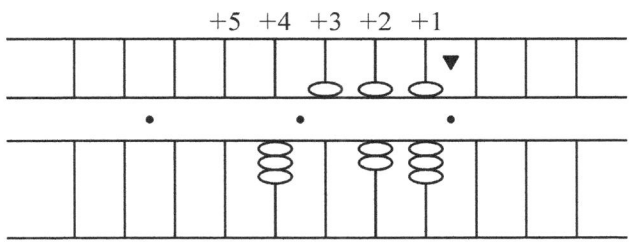

图 2 - 13　隔一档借的拨珠方法（一）

（2）从左至右对准数位,利用退位减规律把减数 2 587 从 3 578 中减去,得 991,如图 2 - 14 所示。

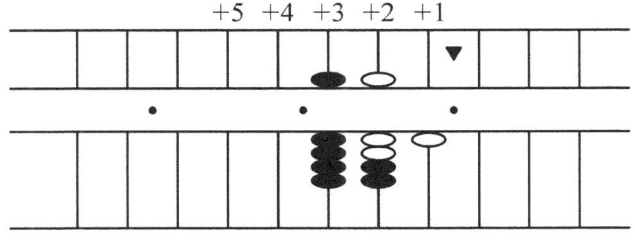

图 2 - 14　隔一档借的拨珠方法（二）

二、隔二档借

【例 2 - 8】　6 897－4 898＝1 999

运算步骤：

（1）固定个位档，把被减数 6 897 拨入盘，从高位开始拨珠靠梁，如图 2 - 15 所示。

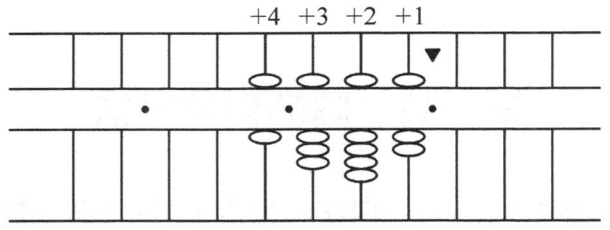

图 2 - 15　隔二档借的拨珠方法（一）

（2）从左至右对准数位，利用退位减规律把减数 4 898 从 6 897 中减去，得 1 999，如图 2 - 16 所示。

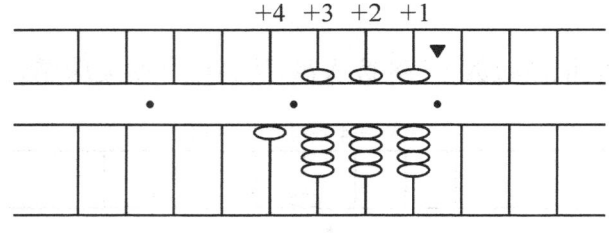

图 2 - 16　隔二档借的拨珠方法（二）

三、隔三档借

【例 2 - 9】　961 573－26 804－734 771＝199 998

运算步骤：

（1）固定个位档，把被减数 961 573 拨入盘，从高位开始拨珠靠梁，如图 2 - 17 所示。

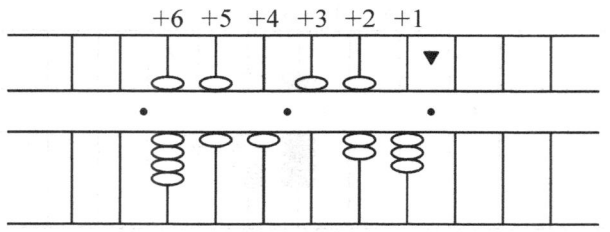

图 2 - 17　隔三档借的拨珠方法（一）

（2）从左至右对准数位,利用退位减规律把减数 26 804 从 961 573 中减去,得 934 769,如图 2－18 所示。

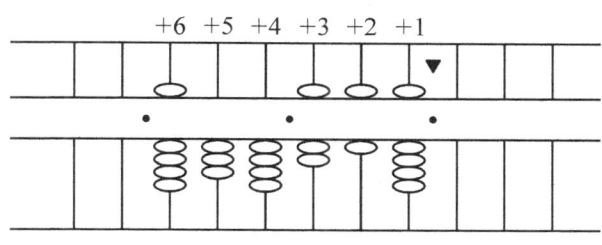

图 2－18　隔三档借的拨珠方法(二)

（3）从左至右对准数位,利用退位减规律再把减数 734 771 从 934 769 中减去,得 199 998,如图 2－19 所示。

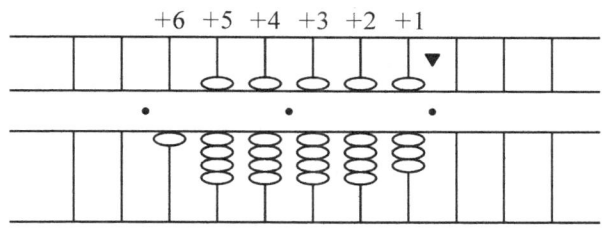

图 2－19　隔三档借的拨珠方法(三)

四、隔四档借

【**例 2－10**】　352 174－18 093－234 083＝99 998
运算步骤:

（1）固定个位档,把被减数 352 174 拨入盘,从高位开始拨珠靠梁,如图 2－20 所示。

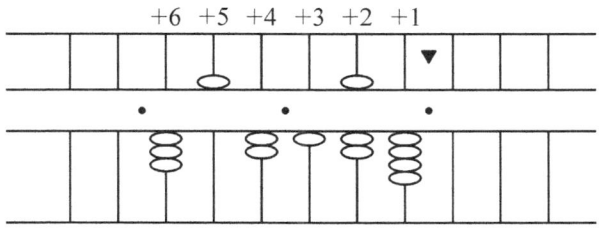

图 2－20　隔四档借的拨珠方法(一)

（2）从左至右对准数位,利用退位减规律把减数 18 093 从 352 174 中减去,得 334 081,如图 2－21 所示。

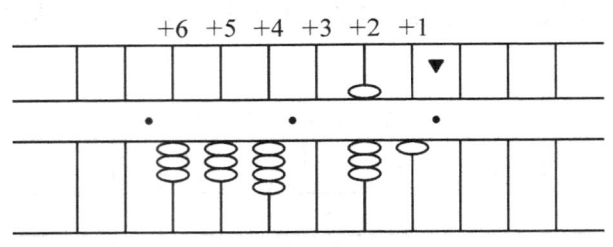

图 2 - 21　隔四档借的拨珠方法(二)

（3）从左至右对准数位,利用退位减规律再把减数 234 083 从 334 081 中减去,得 99 998,如图 2 - 22 所示。

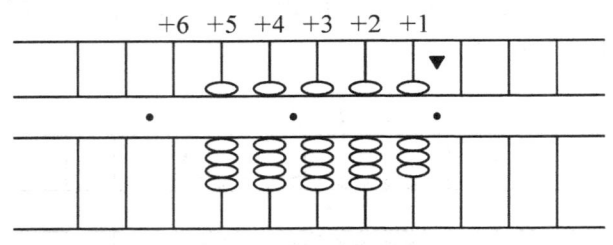

图 2 - 22　隔四档借的拨珠方法(三)

运算规律为:当不够减时,向前借,隔几档借,就还几个九,然后在不够减的该档加上减数的补数。

 **练一练**

（1）104－6	（2）203－9
（3）5 026－8	（4）7 349.72－5 359.78
（5）805 419－605 427－36 892	（6）961 573－26 804－734 771

第四节　倒 减 法

在实际工作中,倒减法经常用到。什么是倒减法呢? 倒减法是在减法运算过程中,遇到被减数小于减数时,采用虚借"1"的方法(即在被减数最高位前一档或前二档减 1),加大被减数后再减去减数得到相应的差,此种方法称为"倒减法"。在连减法和加减混合运算中,可以采用此方法。

一、借后能及时归还借数

遇到被减数小于减数,不够减时,在不够减的前一档"借1"来进行运算。如果在最后的运算中,发现够还借数的,就及时归还借数,这时计算结果为正数。

【**例 2 - 11**】 $647 - 824 + 537 = 647 + 1\,000 - 824 + 537 - 1\,000 = 360$

运算步骤:

(1)把 647 拨入算盘。

(2)减 824,遇到不够减,就在千位档借 1,盘上数变成 1 647。

(3)减去 824,余 823。

(4)加上 537,得 1 360。

(5)归还借数,得出答案 360,如图 2 - 23～2 - 27 所示。

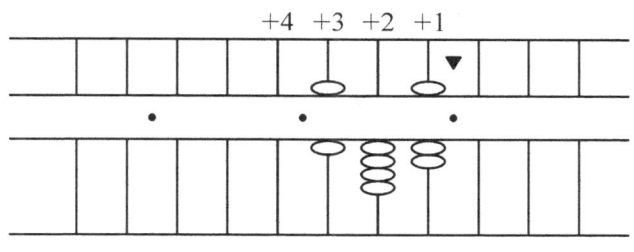

图 2 - 23 运算步骤(一)

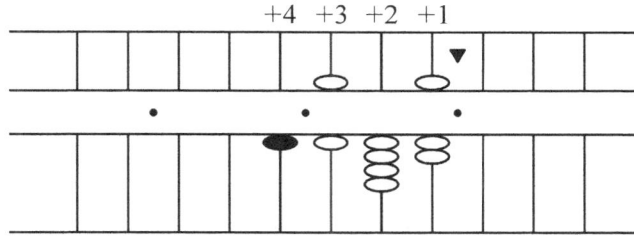

图 2 - 24 运算步骤(二)

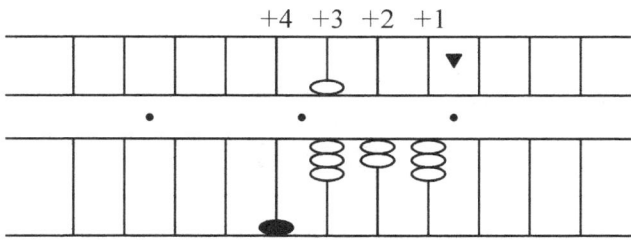

图 2 - 25 运算步骤(三)

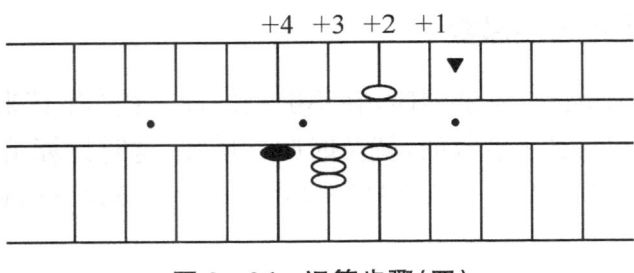

图 2-26　运算步骤(四)

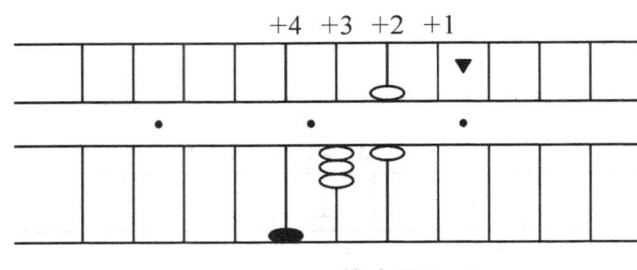

图 2-27　运算步骤(五)

注：黑珠表示向前一档"虚借1"。

二、借后不够归还借数

经过计算,最后发现算盘上的数无法归还所借的数,这时盘上的数不是答案,可以采用看珠法找到答案。看珠方法为：从借位档的下一档起看各档靠边算珠(不靠梁的珠)的值,尾档加1,即是答案。

【例 2-12】　$3\,678-9\,543+157=-5\,708$

运算步骤如图 2-28~2-32 所示。

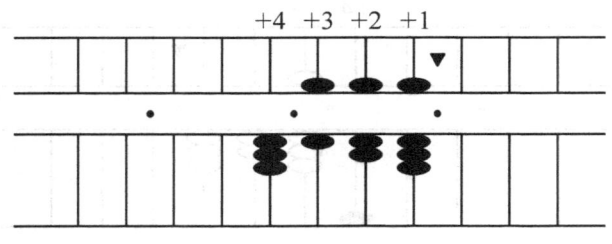

图 2-28　运算步骤(一)

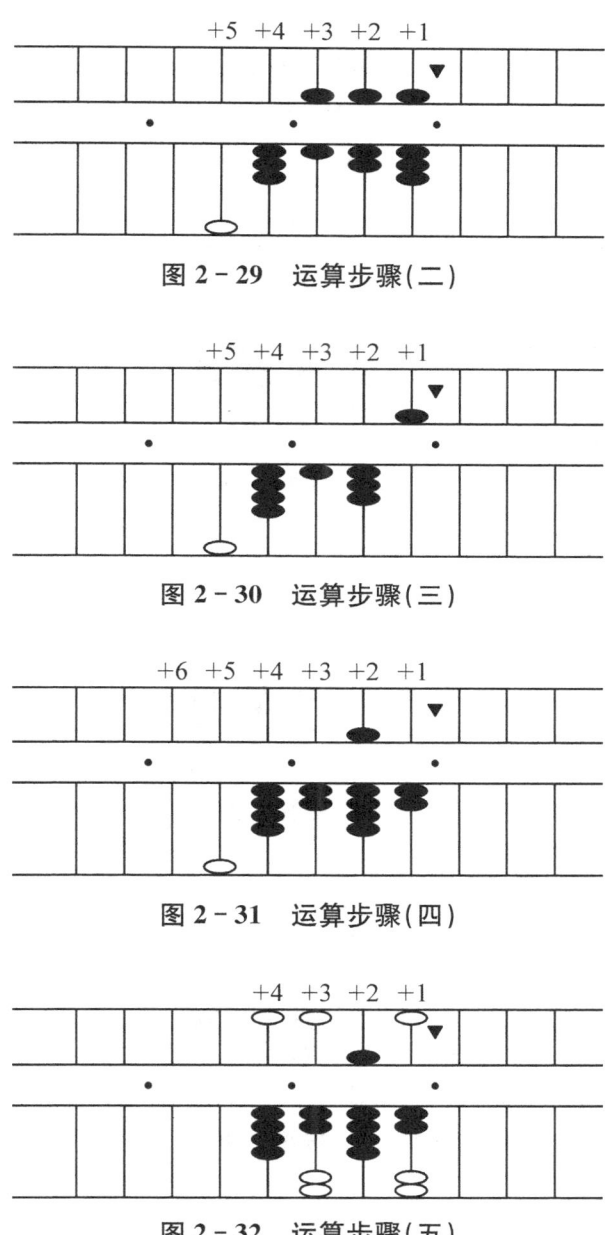

图 2-29 运算步骤(二)

图 2-30 运算步骤(三)

图 2-31 运算步骤(四)

图 2-32 运算步骤(五)

注:图 2-28～2-32 中,黑珠表示靠梁,白珠表示离梁。

从盘上读出不靠梁的珠的数值为 5 707,在尾位加上 1,就是答案—5 708。

三、旧债未还,又借新债

在一些加减混合运算中,如遇到原先借的数尚未归还,在以后的运算还是不够减，又需再借新数时要注意两个问题：一是新借数要大于旧借数，不断向左边档位一档一档向前借；二是借了新数要及时归还旧数。

【例2-13】　234−831+113−500−84＝−1 068

运算步骤如图2-33～2-41所示。

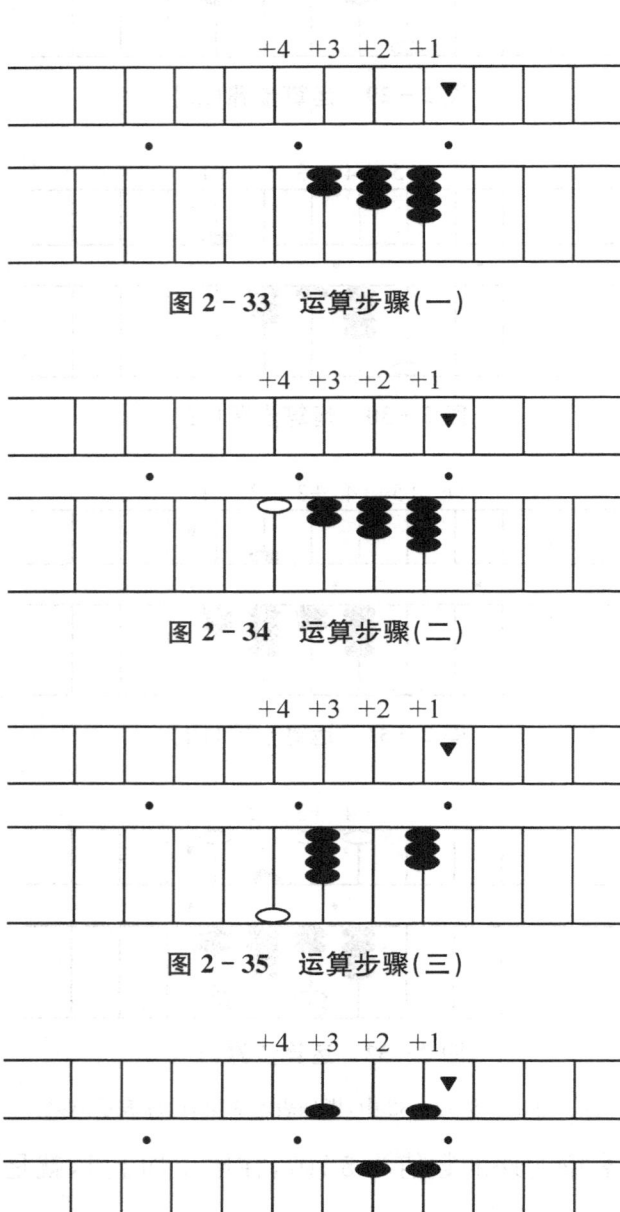

图2-33　运算步骤（一）

图2-34　运算步骤（二）

图2-35　运算步骤（三）

图2-36　运算步骤（四）

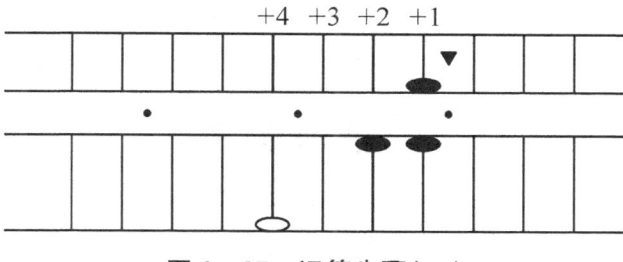

图 2-37　运算步骤(五)

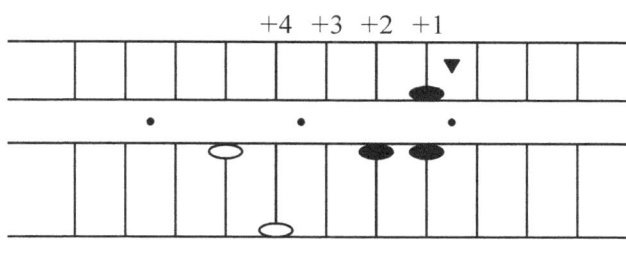

图 2-38　运算步骤(六)

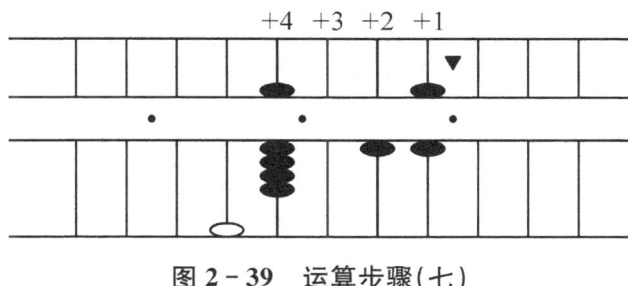

图 2-39　运算步骤(七)

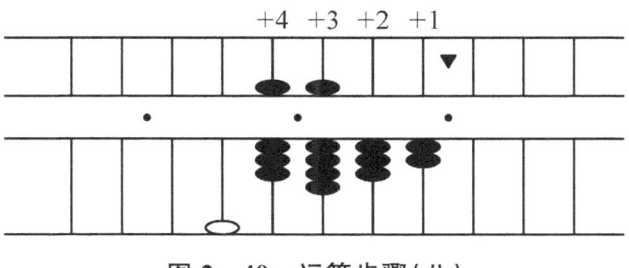

图 2-40　运算步骤(八)

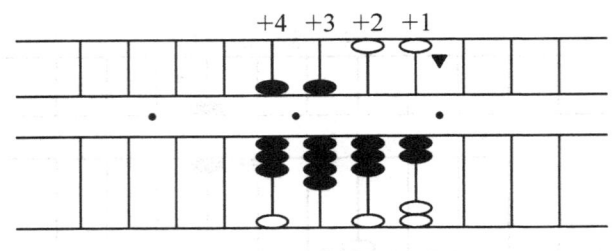

图 2-41 运算步骤(九)

从盘上读出不靠梁的珠的数值为 1 067,在尾位加上 1,就是答案—1 068。

 **练一练**

> (1) 24 534—35 627+43 812—5 693
>
> (2) 5 731—8 672—1 234+3 451
>
> (3) 43 291—68 706+3 491—52 784
>
> (4) 67 892—51 308—40 729+3 578

从加减法的运算规律中可以看出,珠算加减法运算的程序是互逆,其拨珠动作也是互逆的,且充分体现了加中有减,减中有加的辩证思维。在练习中,我们要学会利用其内在规律,达到不假思索,见数拨珠。

综 合 练 习

用珠算加减法计算下列各题。

1.	2.	3.	4.	5.
932	700 028	373 696	56 704	93 716
4 013	746	4 372	2 233	3 526
59 263	826 576	245	489	301 934
534	187	26 084	703 122	380
3 394	4 259	368	448	4 749
606 782	47 181	1 773	6 984	474

6.	7.	8.	9.	10.
9 602.59	3.49	628.64	94.08	9 609.45
627.34	296.54	2.91	8.57	252.69
24.20	7.07	47.17	262.11	33.54
8.24	3 014.75	1.83	56.33	4.06
98.52	18.34	2 052.76	8 144.72	87.18
3.77	67.28	93.26	9.45	5.92

11.		12.		13.		14.		15.	
	396 074		4 207		251 094		331 279		35 138
	9 513		23 579		28 619		7 766		397 764
	56 902		7 360 145		4 704 386		1 408 136		43 275
	7 177 298		437 828		550 921		96 407		1 939
	80 423		3 126 350		27 921		249 603		4 229 056
	438 014		62 414		3 162 034		6 235 294		5 530 098

16.		17.		18.		19.		20.	
	72 951. 24		21 624. 52		271. 83		2 701. 58		74 375. 99
	33. 84		139. 41		46 349. 14		65. 18		196. 42
	745. 73		5 202. 18		19. 06		24 152. 72		27. 03
	1 239. 54		36. 73		8 502. 42		834. 65		29 401. 64
	36 264. 92		42 085. 69		360. 39		92 547. 05		2 924. 52
	720. 96		761. 85		12 058. 96		440. 64		3 501. 32

21.		22.		23.		24.		25.	
	994 725		709 872		742 031		370 518		918 736
	−257		−43 148		−69 472		−32 846		−93 472
	−67 014		−604		−1 593		−432		−518
	−573		−8 054		−816		−5 093		−4 057
	−7 432		−729		−3 247		−784		−824
	−8 177		−3 934		−684		−6 157		−5 903

26.		27.		28.		29.		30.	
	7 932. 89		4 729. 64		5 736. 96		3 960. 67		8 804. 94
	−8. 64		−335. 19		−9. 36		−68. 23		−7. 17
	−627. 53		−4. 06		−20. 49		−3. 37		−75. 43
	−3. 96		−94. 24		−394. 48		−707. 18		−210. 83
	−80. 43		−6. 65		−2. 81		−71. 94		−4. 59
	−21. 62		−96. 57		−28. 54		−6. 89		−27. 34

31.		32.		33.		34.		35.	
	21 522		296		20 995		22 439		725 931
	−737		3 074		−8 347		−9 064		−702
	−8 129		−7 954		−104		−406		−486
	−9 396		−26 747		−8 274		−7 176		−84 266
	−60 764		−79 438		−46 463		−58 497		−398
	−567		81 256		−57 124		−589		−6 645

36.	937 762	**37.**	63 274. 78	**38.**	95 703. 42	**39.**	44 925. 98	**40.**	84 182. 79
	−938		−83. 68		−95. 75		−794. 62		−48. 32
	−3 074		−5 747. 34		−2 268. 14		−13. 54		−3 460. 53
	−409		−420. 53		−73. 83		−10 448. 33		−935. 16
	−9 195		−22 474. 86		−46 981. 67		−460. 96		−26 117. 94
	−35 264		−796. 43		−594. 38		−3 220. 06		−440. 84

第三章

加减法运算技巧

【内容提要】　　本章介绍加减法快速计算的基本算理、加减法简便算法的运算方法和技巧,在运算过程中结合心算,以达到提高运算速度的目的。

第一节　一目二行、三行的加减法

珠算加减法的传统算法是一目一行,经过近十几年的发展,珠算结合心算进行运算可以使运算速度成倍提高,在此,除了同学们的勤学苦练之外,还必须掌握一定的方法和技巧。以下介绍两种简单易学的心珠相合的运算方法。

一、一目二行、三行加法

一目二行、三行加法是指从高位算起,一次计算二行或三行的算法。其计算方法:逐位心算二行或三行同位数之和,并将每位之和拨入算盘,运算时,可利用左手中指和食指把每二行或每三行间隔开,避免漏算和重复计算。在运算一目三行时,可利用数学上的一些快速计算方法:

（1）凑十法。

例如：6＋7＋4＝

　　　8＋9＋2＝

　　　3＋5＋7＝

（2）利用等差数列(数与数间差数相同)。

例如：5＋6＋7＝3×6

$$9+6+3=3\times6$$
$$5+7+9=3\times7$$

（3）三个数相同、二个数相同。

例如：$6+6+6=3\times6$

$$6+3+6=2\times6+3$$

（4）凑倍加减。

例如：$8+7+8=3\times8-1$

$$7+7+8=3\times7+1$$

【例 3－1】
```
    6  7 7 2
  ＋5  9 3 4
    7  7 6 2
   1 8
     2 3
      1 6
         8
  2 0  4 6 8
```

说明：

（1）千位上的数 6、5、7，将其看成是一个等差数列，和数是 18（6×3）。

（2）百位上的三个数 7、9、7，其和数是 23（7×2＋9）。

（3）十位上的数 7、3、6，按凑整法计算，和数是 16[（7＋3）＋6]。

（4）个位数上的三个数 2、4、2 之和，一看就知道是 8。

二、加减抵消法

该方法一般适用于"一目二行"和"一目三行"的算题。

【例 3－2】
```
    6 6 8  3 7 3
  ＋2 3 1  4 8 9
  －4 3 1  5 7 6
    4 6 8  2 8 6
```

先将第一行 668 373 拨入算盘,再将第二行和第三行,用加减（正负数）抵消法,应加即加,应减即减。所以,十万位减 2（＋2－4 相抵后为－2）,万位减 0,千位加 0,百位减 1,十位加 1,个位加 3,其和是 468 286。

第二节　一目三行弃单九法

一、一目三行弃单九法的运算方法

一目三行弃单九法既可以减少拨珠次数，又可以减少心算量，是目前采用较多的方法。本方法适合多行纯加法运算，是一种提前进位法。它的运算方法是：高位算起，前位进 1，中位弃 9，末位弃 10，多几加几，少几减几。

二、练习方法

凡是首位或后位相加之和，满 9 或超 9 的前一档位上先进 1，然后在进 1 的下档位起，直到末位前的所有档位（中位）只要满 9 就弃 9，末位弃 10，凡超过弃数的，多几加几，凡少于弃数的，少几减少。

【例 3 - 3】
```
        2 7   4 1 2
    3 7 4 2   6 8 9
      1 5 0   3 7 4
    ─────────────────
    3 9 2 0   4 7 5
    ↓   ↓ ↓ ↓   ↓ ↓ ↓
```

运算时要注意：心算时并不是把三行数加起之后再减 9、减 10，而是找出凑成 9 或 10 的数，减 9、减 10 之后再求和，提高心算速度。

第三节　加减法练习的注意问题及练习方法

一、注意问题

（一）以“准”为主，“准”中求“快”

珠算讲求“准”与“快”，“准”是计算技术的生命线，“快”是我们追求的目标。所以，在练习中要正确处理好两者的关系，先练“准”，在“准”的基础上逐步提高速度。

（二）分节看数，分节拨珠

要达到又准又快的目标，必须眼、手、脑相互配合。在初步练习时，可以看记一节数字，拨一节数字；熟练之后，要求拨前一节同时看后一节，拨前一笔数字看后一笔数字，边看边拨，连续拨珠。

（三）反复练习,逐步提高计算技能

珠算是一门操作性很强的专业基础课程,易学难精,要真正掌握这门技能,并达到一定的水平,不是一朝一夕可以实现的,需有坚韧不拔的毅力,坚持天天练习,在练习中一定要给自己规定时间,如 5 分钟、10 分钟、20 分钟,在每次同样的时间中可以计算不同的题量,从而可以考查自己的技能练习是否有进步。

二、练习方法

（1）见子打子。这是我国珠算的一种传统练习方法,具体做法是：算盘上是什么数就加什么数,目的是熟练指法和掌握拨珠规律,可以练习三盘成、五盘成等。例如,先在算盘上拨上 123 456 789,然后见子打子三遍或五遍,再在末位加9,其答数是 987 654 321。

（2）调头尾：在算盘上拨入 123 456 789,然后加上 987 654 321,再减去 123 456 789,变成 987 654 321。

（3）连加 625,然后再连减。连加 16 次结果为 10 000。

（4）打百子。在算盘拨入 1,然后连续加上 2,3,4…,100,答数为 5 050,再从答数中减去 1,2,3,…,100,结果是 0。练习可分六个阶段进行,如表 3－1 所示。

表 3－1　打百子分段计算表

阶　　段	一	二	三	四	五	六
从 1 加至	24	36	44	66	77	100
和　　数	300	666	990	2 211	3 003	5 050

（5）1 分钟内打定数：

定数"1"连加 200 次,结果为 200；

定数"2"连加 190 次,结果为 380；

定数"3"连加 180 次,结果为 540；

定数"4"连加 130 次,结果为 520；

定数"5"连加 220 次,结果为 1 100；

定数"6"连加 150 次,结果为 900；

定数"7"连加 140 次,结果为 980；

定数"8"连加 130 次,结果为 1 040；

定数"9"连加 120 次,结果为 1 080。

综 合 练 习

一、用一目三行直加法计算下列各题。

(1)	(2)	(3)	(4)
1 847	679	12 434	69 310
546	2 584	931	4 872
7 935	1 647	245	50 682
831	354	764	7 938
504	8 475	136	46 779
9 128	903	7 121	8 403
6 247	7 245	9 001	546
405	986	114	3 397
＋ 563	＋ 1 243	＋ 5 641	＋4 097

(5)	(6)	(7)	(8)
273 645	536 092	842 176	50 471
81 769	69 324	50 319	9 214
3 134	642 138	297 420	563
79 564	8 214	68 249	38 192
278 470	3 251	5 321	841
95 812	3 180	75 604	10 279
83 964	90 175	8 235	4 561
508 643	563	7 416	8 276
＋2 307	＋ 4 534	＋ 5 634	＋ 695

二、用一目三行弃单九法计算下列各题。

(1)	(2)	(3)	(4)
9 032	85 817	45 126	260 319
75 814	9 342	397	235
3 809	4 218	1 804	658
263	7 653	563	36 764
49 521	38 291	274 018	1 435
9 632	4 052	6 932	847
62 414	5 793	23 561	6 207
5 382	21 426	4 519	9 821
＋ 44 527	＋ 6 957	＋ 90 657	＋ 53 906

(5)	81 206	(6)	794	(7)	45 121	(8)	742
	749		15 062		397		1 560
	3 512		418		1 874		469
	49 073		2 601		513		25 837
	654		350 287		274 018		641
	2 815		593		6 972		976 015
	507		3 706		23 561		493
	654		8 925		4 061		821
	＋ 7 384		＋ 34 025		＋ 90 357		＋ 7 924

第四章

珠 算 乘 法

【内容提要】 本章主要介绍珠算乘法的公式定位法和算前定位法两种定位方法；多位数乘法运算中，介绍空盘前乘法和破头乘法。要求熟练掌握珠算乘法的公式定位法和算前定位法以及乘法运算，重点掌握空盘前乘法。

第一节　珠算乘法概述

一、珠算乘法的含义

珠算乘法是在加法的基础上，根据乘法口诀进行的运算。求一个数的若干倍是多少的方法叫乘法，它是加法的简便运算。

珠算乘法与笔算乘法的原理相同，但乘的顺序有区别，加积的方法也不同，笔算是乘完各位数再加积数，珠算是边乘边加积数，乘完即得积数。

二、珠算乘法的分类

珠算乘法，由于乘的顺序不同、置因数方法不同、置因数的位置不同，便有各种不同的乘法如图 4－1 所示。

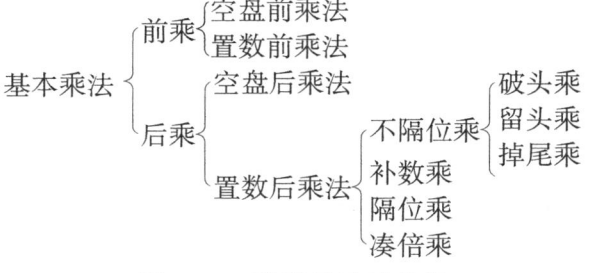

图 4－1　珠算乘法的分类

本章从实用出发,只介绍空盘前乘法、破头乘法和省乘法三种乘法。

第二节　乘 法 口 诀

一、乘法口诀的分类

要学好珠算乘法,必须熟记乘法口诀,乘法口诀有两种:小九九口诀和大九九口诀。小九九口诀共有 45 句,它的编排特点是:小数在前,大数在后,如 6×8 和 2×4。大九九口诀共有 36 句,它的编排特点是:大数在前,小数在后,如 8×6 和 4×2,如表 4-1 所示。

表 4-1　大九九乘法口诀表

	一	二	三	四	五	六	七	八	九
一	一一 01	一二 02	一三 03	一四 04	一五 05	一六 06	一七 07	一八 08	一九 09
二	二一 02	二二 04	二三 06	二四 08	二五 10	二六 12	二七 14	二八 16	二九 18
三	三一 03	三二 06	三三 09	三四 12	三五 15	三六 18	三七 21	三八 24	三九 27
四	四一 04	四二 08	四三 12	四四 16	四五 20	四六 24	四七 28	四八 32	四九 36
五	五一 05	五二 10	五三 15	五四 20	五五 25	五六 30	五七 35	五八 40	五九 45
六	六一 06	六二 12	六三 18	六四 24	六五 30	六六 36	六七 42	六八 48	六九 54
七	七一 07	七二 14	七三 21	七四 28	七五 35	七六 42	七七 49	七八 56	七九 63
八	八一 08	八二 16	八三 24	八四 32	八五 40	八六 48	八七 56	八八 64	八九 72
九	九一 09	九二 18	九三 27	九四 36	九五 45	九六 54	九七 63	九八 72	九九 81

表 4-1 中每句口诀均由四个数组成。第一个数代表乘数,第二个数代表被乘数。根据乘法的交换律,也可以第一个数代表被乘数,第二个数代表乘数。每句口诀的第三、第四个数字代表积数,每句口诀的积数用两位数表示。

二、运用乘法口诀时的注意事项

(1)选用口诀的顺序要一致,不得来回颠倒乘数和被乘数的顺序。例如,乘数在前,被乘数在后,如 3×5,其口诀为"五三 15",则在该题运算过程中,永远按照这个顺序。如果选用被乘数在前,乘数在后的顺序,如 3×5,其口诀为"三五 15",也应在其运算过程中,永远按照这个顺序。

(2)遇 0 占一位。用算盘算乘法,遇到口诀积数的十位数是 0 或个位是 0 应占一个档位,口诀积数有"0",要读成"零",这样可防止加错档次。例如,2×4 应读成"四二 08"(四二零 8);6×5 应读成"五六 30"(五六 3 零)。

(3)每句口诀都读成四个字,不要读成三个字或五个字。例如,7×8 应读成"八七 56",不应读成"八七五十六";9×3 应读成"三九 27",不应读成"三九二十七"。

(4)读口诀时要默读,切忌读出声。

第三节 积数的定位法

一、数的位数

数的位数分为正位数、零位数和负位数三种。

(一)正位数

凡整数和带小数的数字,有几位整数就叫正几位(不论它带有几位小数)。

例如:860——正 3 位(+3 位)

56 724——正 5 位(+5 位)

920 564.10——正 6 位(+6 位)

56.23——正二位(+2 位)

(二)零位数

凡纯小数的小数点后面到有效数字间没有 0 的数,叫做零位数。

例如:0.914 32——零位(0 位)

0.546——零位(0 位)

0.12——零位(0 位)

0.3004——零位(0 位)

(三)负位数

凡纯小数的小数点后到第一个有效数字前,有几个 0 就叫做负几位。

例如:0.094 32——负一位(-1 位)

0.005 623——负二位(-2 位)

0.000 56——负三位(-3 位)

二、积的定位法

积的定位法一般有三种,即公式定位法、固定个位法和移档定位法。我们主要介绍公式定位法和固定个位法。

(一)公式定位法

公式定位法又称通用定位法,是按照乘数、被乘数的位数,用一定公式来确定积的位数的方法。

采用公式定位法乘积的位数可以用公式来确定,乘积的位数可用两种公式表示:

公式一:积数首位数小于两个因数中任何一个因数的首位数时:

$$积数位数 = 被乘数位数(m) + 乘数位数(n)$$

公式二:积数首位数大于两个因数中任何一个因数首位数时:

$$积数位数 = 被乘数位数(m) + 乘数位数(n) - 1 位$$

以上可概括为:

积数首小,位相加,$(m+n)$

首大(齐),加后减 1 位。$(m+n-1)$

【例 4 - 1】 42.5×34.6=1 470.50

(＋2 位)＋ (＋2 位)＝4 位

【例 4 - 2】 46 000×30=1 380 000

(＋5 位)＋ (＋2 位)＝7 位

以上两个例子适用公式一定位。

【例 4 - 3】 25.30×21.10=533.83

(＋2 位)＋ (＋2 位)－1＝3 位

【例 4 - 4】 0.008 5×1 040=8.84

(－2 位)＋ (＋4 位)－1＝1 位

以上两个例子适用公式二定位。

这种利用公式来定位的方法,就叫公式定位法。这是一种通用的定位方法,不仅适用于珠算,而且对笔算等乘法计算也是适用的。

(二)固定个位法

固定个位法又称算前定位法,算前定位法是一种较简便的定位方法。它在置数时,根据乘积的位数进行置数,乘完后,即可从算盘上直接读得积数的位数。目前流行的算前定位法有两种,即:数位定位法和标位定位法。前者较为灵活,在任一算盘上确定了小数点后,即可定位;后者较为方便,但算盘上必须标有位数。现将数位定位法介绍如下。

操作步骤:

(1)选择个位档。定位前,先在算盘中部或右半部选择一个计位点作为积数的小数点。这个小数点基本固定,以便于识别和记忆。在运算前,先选定盘上某一档(应结合计位点)作为运算后乘积的个位档,并以这一档为基点来确定被乘数的置数位置,由于乘积的个位档是固定的,所以又称固定个位定位法。

(2)定位公式:"被乘数位数+乘数位数"(即 $m+n$)。

(3)根据位数和确定拨入被乘数(或乘数)首位数的档次,如表4-2所示。

表4-2 位数和档次表

盘 上 位 数	十万位	万位	千位	百位	十位	个位	十分位	百分位	千分位	万分位
按被乘数与乘数之和,确定被乘数首位应置入的档位	正六位档	正五位档	正四位档	正三位档	正二位档	正一位档	负一位档	负二位档	负三位档	负四位档

注:① 位数和是"正几位",从积数小数点前第几档起拨上被乘数。
② 位数和是"0"位,从积数小数点的后第一档起拨上被乘数。
③ 位数和是"负几位",就在积数小数点后留"几"个空档(不拨珠),然后从下一档起拨上被乘数。

【例4-5】 $37.6 \times 24.5 = 921.20$
(+2位)+(+2位)=+4位

位数和是"正4位",从积数小数点前第4档起拨上被乘数。

【例4-6】 $376 \times 85 = 31\,960$
(+3位)+(+2位)=+5位

位数和是"正5位",从积数小数点前第5档起拨上被乘数。

【例4-7】 $0.037 \times 9.45 = 0.349\,65$
(-1位)+(+1位)=0位

【例4-8】 $0.048 \times 1.65 = 0.079\,2$
(-1位)+(+1位)=0位

位数和是"0"位,从积数小数点的后第一档起拨上被乘数。

【例 4-9】 $0.64 \times 0.025 = 0.016$

（0 位）＋（－1 位）＝－1 位

位数和是"负一位"，就在积数小数点后留"1"个空档（不拨珠），然后从下一档起拨上被乘数。

（4）结果：全部运算完毕，盘上的数即为答案。

 练一练

1. 指出下列各数的数位。

(1) 532 　　　　　(2) 85 000 　　　　　(3) 502 001

(4) 0.009 3 　　　(5) 0.047 　　　　　(6) 0.000 608 75

(7) 42.24 　　　　(8) 0.107 6 　　　　(9) 382.65

(10) 4.268

2. 用添"0"或加小数点和分节号的方法，根据指定的位数，确定下列各数的数值。

(1) 43（正三位） 　　(2) 85（零位） 　　(3) 7 365（正五位）

(4) 632（负一位） 　(5) 763（负三位） 　(6) 2 571（正二位）

(7) 4 839（负二位） 　(8) 4 877（正一位） 　(9) 104（负四位）

3. 用公式定位法对下列乘积定位。

(1) $0.003 \times 920.5 = 27\,615$ 　　　　(2) $0.005 \times 0.757 = 3\,785$

(3) $0.6 \times 785.4 = 47\,124$ 　　　　(4) $6\,000 \times 7\,835 = 4\,701$

(5) $8\,000 \times 0.000\,014\,23 = 11\,384$ 　(6) $380 \times 368.5 = 14\,003$

(7) $0.786 \times 5\,023 = 3\,948\,078$ 　　(8) $98\,400 \times 52\,600 = 517\,584$

(9) $0.032 \times 189.07 = 605\,024$ 　　(10) $0.004\,7 \times 53\,214 = 2\,501\,058$

第四节 空盘前乘法

空盘前乘法是指在运算时，不将被乘数和乘数置盘，而是直接将乘积拨珠入盘，且从首位算起的算法。

一、空盘前乘法的特点

空盘前乘法不用拨放被乘数和乘数，这样就能节省置数时间，减少拨珠动作；

运算时从头位依次错位相加乘积,不会发生被乘数、乘数和积数相互混淆的情况。由于这种算法简便易学,运算既准又快,所以是目前广泛应用的算法。

二、空盘前乘法的运算方法及步骤

（一）积数定位

可采用固定个位法定位,也可采用公式定位法进行定位。

（二）运算顺序

先以乘数首位数与被乘数的首位数、第二位、第三位……依次相乘到末位;再以同样的顺序运算乘数的第二位、第三位……直至末位为止。如图 4-2 所示。

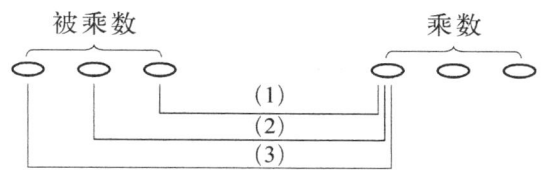

图 4-2 运算顺序

被乘数和乘数都由首位数乘起,被乘数有几位数,以分成几步计算。

【例 4-10】 683×254＝173 482

运算顺序如下:

第一步:200×683(二六 12、二八 16、二三 06)

第二步:50×683(五六 30、五八 40、五三 15)

第三步:4×683(四六 24、四八 32、四三 12)

（三）加积档次

(1) 每一步首次相乘,用对位法确定积数档次。即:乘数第几位乘以被乘数首位数,在算盘第几档加上积的十位数。

加积规律:前档加积的十位数,后档加积的个位数。

前、后积规律:上次乘积的个位档是本次积的十位数。

例如,乘数第一位数乘以被乘数首位数,在算盘第一档加上积的十位数。

(2) 每一步中途相乘,要用前、后积规律,即在前一次积数的个位档,加上后一次积数的十位数。口诀积数有"0",也占一档。

（四）点数、默记数与看数

每一步乘算,要用左手食指点在被乘数本位数的下方,并默记被乘数本位数,眼看乘数,边看边乘。技术熟练者,可以默记乘数。

（五）乘积

全部运算完毕，经定位后，即可确定乘积的数值。

【例 4 - 11】　658×276＝181 608

运算步骤：

（1）乘数第一位数"2"×658。用左手食指点在第一位数"2"的下方，并默记2，眼看658。

二六 12，二五 10，二八 16。

根据加积规律及前、后积规律，乘完第一位数盘上数为 131 600，如图 4 - 3所示。

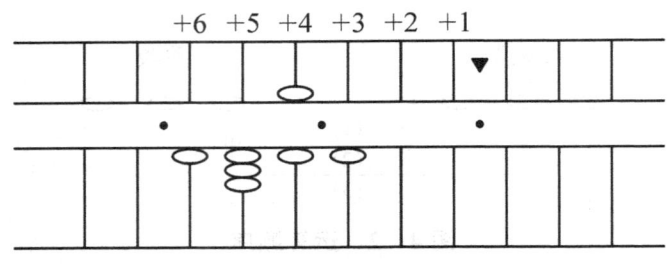

图 4 - 3　第一步运算

（2）乘数第二位数"7"×658。用左手食指点在第二位数"7"的下方，并默记7，眼看658。

七六 42，七五 35，七八 56。

从起乘位的第二位开始加积，乘完第二位数盘上数为 177 660，如图 4 - 4所示。

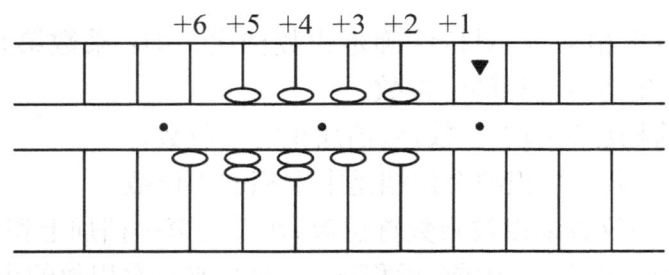

图 4 - 4　第二步运算

（3）乘数第三位数"6"×658。用左手食指点在第三位数"6"的下方，并默记6，眼看658。

六六 36，六五 30，六八 48。

从起乘位的第三位开始加积,乘完第三位数盘上数为 181 608,如图 4 - 5 所示。

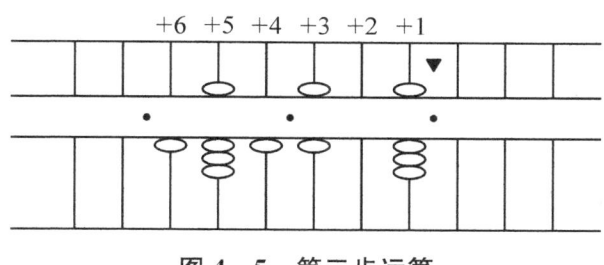

图 4 - 5　第三步运算

【例 4 - 12】　8 923×67＝ 597 841

运算步骤:

(1) 乘数第一位数"6"×8 923。用左手食指点在第一位数"6"的下方,并默记 6,眼看 8 923。

六八 48,六九 54,六二 12,六三 18。

(2) 乘数第二位数"7"×8 923。用左手食指点在第二位数"7"的下方,并默记 7,眼看 8 923。

七八 56,七九 63,七二 14,七三 21。

【例 4 - 13】　35 100×84＝ 2 948 400

运算步骤:

(1) 乘数第一位数"8"×35 100。用左手食指点在第一位数"8"的下方,并默记 8,眼看 35 100。

八三 24,八五 40,八一 08。

(2) 乘数第二位数"4"×35 100。用左手食指点在第二位数"4"的下方,并默记 4,眼看 35 100。

四三 12,四五 20,四一 04。

【例 4 - 14】　5 563×451＝2 508 913

运算步骤:

(1) 乘数第一位数"4"×5 563。用左手食指点在第一位数"4"的下方,并默记 4,眼看 5 563。

四五 20,四五 20,四六 24,四三 12。

(2) 乘数第二位数"5"×5 563。用左手食指点在第二位数"5"的下方,并默记 5,眼看 5 563。

五五 25,五五 25,五六 30,五三 15。

(3) 乘数第三位数"1"×5 563。用左手食指点在第二位数"1"的下方,并默记1,眼看 5 563。

一五 05,一五 05,一六 06,一三 03。

【例 4－15】　1 076×23＝ 24 748

运算步骤:

(1) 乘数第一位数"2"×1 076。用左手食指点在第一位数"2"的下方,并默记2,眼看 1 076。

二一 02,二零 00,二七 14,二六 12。

(2) 乘数第二位数"3"×1 076。用左手食指点在第二位数"3"的下方,并默记3,眼看 1 076。

三一 03,三零 00,三七 21,三六 18。

第五节　破 头 乘 法

破头乘法是指置数后,从乘数首位起,依次与被乘数相乘,一开始就改变被乘数本档算珠的乘算方法。破头乘法具有拨珠顺手、计算快速等优点,故在财经计算工作中,得到广泛应用。

一、一位数乘法

乘数(或被乘数)是一位数的乘法,叫做一位数乘法。

一位数乘法的运算方法如下:

(1) 置数。在算盘左边拨上被乘数,计算时默记乘数。

(2) 乘的顺序。乘数与被乘数相乘,由被乘数尾位数乘起,由尾位乘到首位,如图 4－6 所示。

(3) 积数的档次。每乘一位,就把被乘数本档数(用哪一位数相乘,就称哪一位为本档数)改成积数十位数,并在下一档加上积数个位数;如果积数是"0",先将被乘数本档数改成 0,拨掉本档数,然后在下一档加上积数个位。

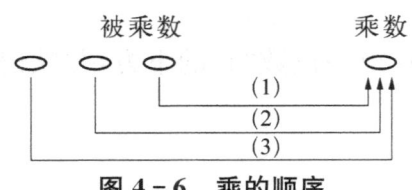

图 4－6　乘的顺序

简记:本档改积十位数,下档加积个位数。

（4）读口诀顺序：先读破掉的被乘数，后读乘数。

（5）定位：可采用算前定位法，也可用公式定位法。

【**例 4 - 16**】　207×3＝ 621

方法一：采用算前定位法。

（1）置数公式：3＋1＝4。

（2）在正四位拨上被乘数 207，默记乘数 3，如图 4 - 7 所示。

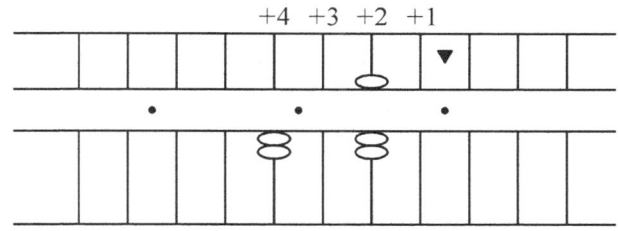

图 4 - 7　算前定位法运算过程（一）

（3）乘的顺序。

① 被乘数个位数 7 乘以 3，"七三 21"：把本档数 7 改成积的十位数 2，在下一档加上积的个位数 1，如图 4 - 8 所示。

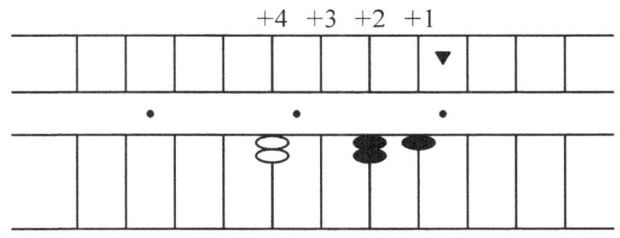

图 4 - 8　算前定位法运算过程（二）

② 被乘数十位数是 0，不用乘。

③ 被乘数 2 乘以 3，"二三 06"：先拨掉本档数 2，然后在下一档加上积的个位数 6。得本题积数 621，如图 4 - 9 所示。

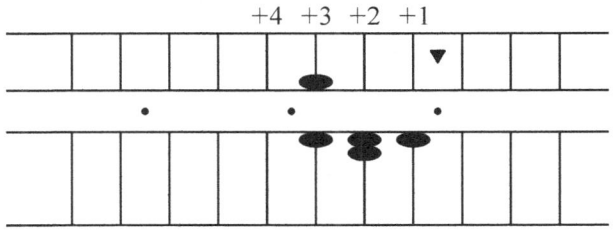

图 4 - 9　算前定位法运算过程（三）

方法二：采用公式定位法。

（1）置数：在算盘左边拨上被乘数 207，默记乘数 3，如图 4-10 所示。

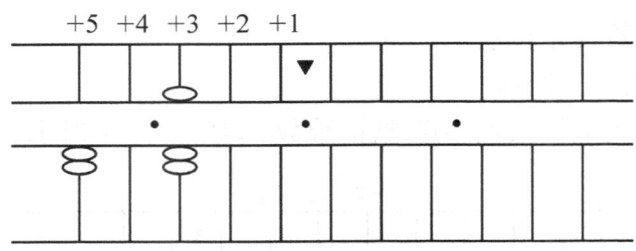

图 4-10　公式定位法运算过程（一）

（2）乘的顺序。

① 被乘数个位数 7 乘以 3，"七三 21"：把本档数 7 改成积的十位数 2，在下一档加上积的个位数 1，如图 4-11 所示。

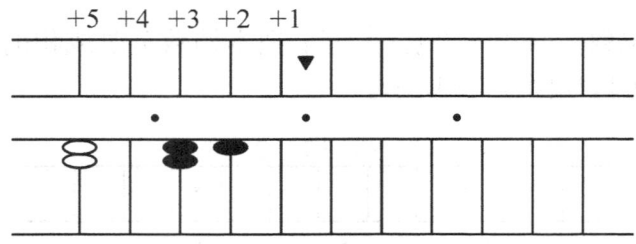

图 4-11　公式定位法运算过程（二）

② 被乘数第二位数的十位数是 0，不用乘。

③ 被乘数 2 乘以 3，"二三 06"：先拨掉本档数 2，然后在下一档加上积的个位数 6，如图 4-12 所示。

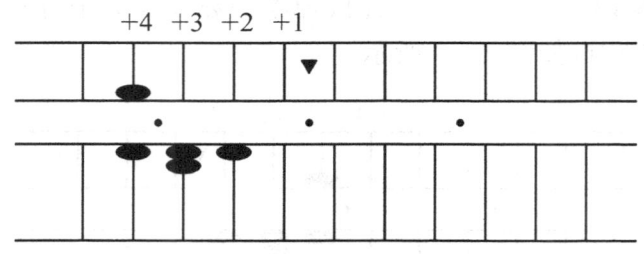

图 4-12　公式定位法运算过程（三）

④ 定位：3＋1－1＝3，得本题积数 621。

 练一练

(1) 963×2　　　　(2) 23 568×2　　　　(3) 2 468×2

(4) 148×3　　　　(5) 568×3　　　　(6) 9 672×3

(7) 741×4　　　　(8) 3 681×4　　　　(9) 9 821×4

(10) 2 472×5　　　(11) 235×5　　　　(12) 7 263×6

(13) 769×6　　　　(14) 2 457×7　　　(15) 368×8

(16) 5 789×8　　　(17) 957×9　　　　(18) 1 236×9

(19) 637×9　　　　(20) 8 963×9

二、多位数乘法

被乘数和乘数都是两位或两位数以上的乘法,叫做多位数乘法。破头乘多位数乘法的运算方法如下。

1. 置数

采用公式定位法,从算盘左边第一档起拨上被乘数;采用算前定位法,按计算好的位数拨上被乘数。

2. 乘的顺序

首先从被乘数尾位数乘以乘数,由乘数首位数乘起,逐位相乘;其次以被乘数尾位的左一位数乘以乘数,也是由首位起,逐位相乘……其余类推,直至被乘数各位数都与乘数乘过为止,如图 4-13 所示。

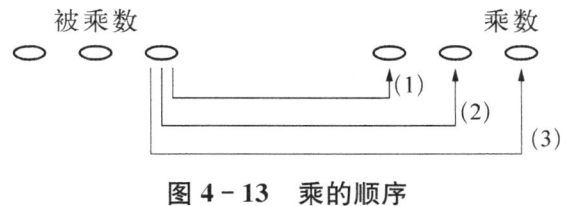

图 4-13　乘的顺序

【例 4-17】　246×357=87 822

乘的顺序:(1) 6×357(六三 18、六五 30、六七 42)

　　　　　(2) 40×357(四三 12、四五 20、四七 28)

　　　　　(3) 200×357(二三 06、二五 10、二七 14)

3. 加积档次

在边乘边加积数时,要认准档次,以免加错档位,加积数的档次规律有两条。

① 对位规律：乘数是第几位数，积数的个位数就加在被乘数本档数右面第几档上。

② 前、后积规律：同一位被乘数的运算中，前一次积数个位数的档位，就是后一次积数的十位数档。

初学者要充分运用这条规律，并结合手指点档。即加前一次积数后，用右手食指点在加其积数个位的档位，在手指所点的档位，加上后一次积数的十位数；如口诀的积数有 0（如：二五 10、二三 06）时，也应占一个档位。

简记：点在前积个位档，加上后积十位数。

4. 读口诀顺序

先读已拨掉的被乘数本位数，后读乘数，以免忘记被乘数造成计算错误。

【例 4 - 18】 6×47＝282

读口诀：六四 24，六七 42。

5. 积数定位

采用算前定位法，盘上的数字就是结果；采用公式定位法，要结合着档进行定位。

采用公式定位法定位的具体方法如下：

置数时，从算盘左起第一档（简称首档）起拨上被乘数。乘完以后，如果首档有积数，乘积位数为两因数相加（即用公式 $m+n$）；如果首档是空档，乘积位数为两因数相加减 1 位，（即用公式 $m+n-1$）。

简记：首档有数位相加，无数加后减 1 位。

【例 4 - 19】 365×478＝174 470

方法一：采用公式定位法。

从算盘左边第一档起拨上被乘数 365。相乘时，默记被乘数本档数，边乘边看算题的乘数，或者默记乘数，如图 4 - 14 所示。

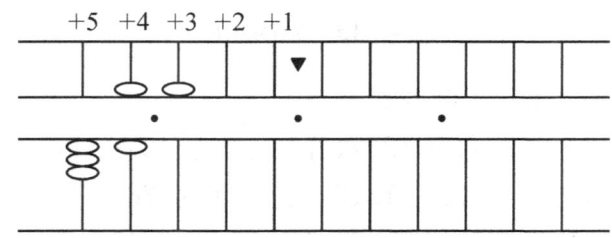

图 4 - 14　公式定位法运算过程(一)

本题被乘数有三位数，分三步计算。

第一步：以被乘数个位数"5"乘以478。

"五四20"：将本档数"5"改成积的十位数"2"，下一档加个位数"0"；右手食指点在加"0"的档位。"五七35"：在食指所点的个位数"0"，加上积的十位数"3"，下一档加个位数"5"，食指点在加"5"的档位。"五八40"：在食指所点的个位数"5"，加上积的十位数"4"，下一档加个位数"0"，得第一步积数239，如图4-15所示。

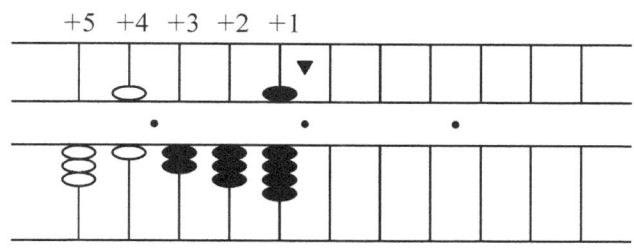

图4-15　公式定位法运算过程（二）

第二步：被乘数十位数"6"乘以478。

"六四24"：将本档数"6"改成积的十位数"2"，下一档加个位数"4"；右手食指点在加4的档位。"六七42"：在食指所点的档位加上积的十位数"4"，下一档加个位数为"2"，食指点在加2的档位。"六八48"：在食指所点的档位加上积的十位数"4"，下一档加个位数"8"，第一、第二步得积数31 070，如图4-16所示。

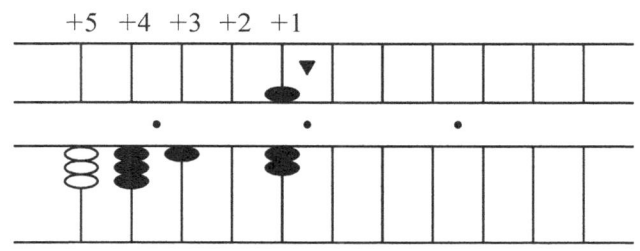

图4-16　公式定位法运算过程（三）

第三步：被乘数百位数"3"乘以"478"。

"三四12"：将本档数"3"改成积的十位数"1"，下一档加个位数"2"；右手食指点在加2的档位。"三七21"：在食指所点的档位加上积的十位数"2"，下一档加个位数为"1"，食指点在加1的档位。"三八24"：在食指所点的档位加上积的十位数"2"，下一档加个位数"4"，经过上述三步得积数17 447。如图4-17所示。

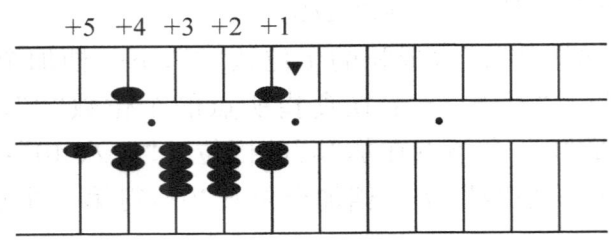

图 4 - 17　公式定位法运算过程(四)

积数定位：首档有数位相加，3＋3＝6(位)，定位后得答数 174 470。

方法二：采用算前定位法。

定位：3＋3＝6(位)，按正六位将被乘数 365 拨入算盘。相乘时，默记被乘数本档数，边乘边看算题的乘数，或者默记乘数，如图 4 - 18 所示。

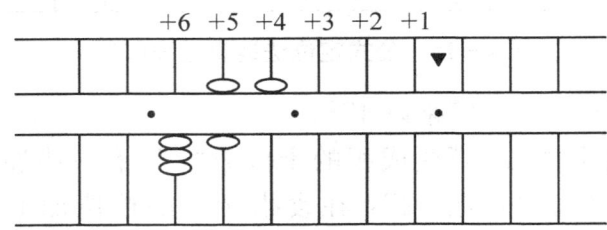

图 4 - 18　算前定位法运算过程(一)

本题被乘数有三位数，分三步计算。

第一步：以被乘数个位数"5"乘以 478。

"五四 20"：将本档数"5"改成积的十位数"2"，下一档加个位数 0；右手食指点在加 0 的档位。"五七 35"：在食指所点的个位数 0 加上积的十位数"3"，下一档加个位数"5"食指点在加 5 的档位；"五八 40"：在食指所点的个位数 5 加上积的十位数 4，下一档加个位数"0"，得第一步积数 239，如图 4 - 19 所示。

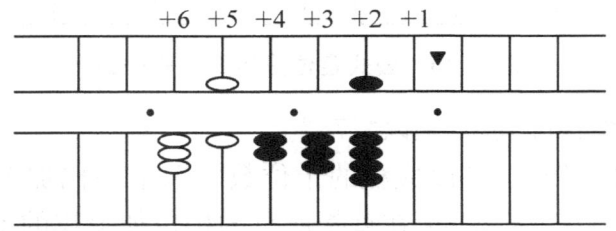

图 4 - 19　算前定位法运算过程(二)

第二步：被乘数十位数"6"乘以 478。

"六四 24"：将本档数"6"改成积的十位数"2"，下一档加个位数"4"；右手食指点在加 4 的档位。"六七 42"：在食指所点的档位加上积的十位数"4"，下一档加个位数为"2"，食指点在加 2 的档位。"六八 48"：在食指所点的档位加上积的十位数"4"，下一档加个位数"8"，第一、第二步得积数 31 070，如图 4 - 20 所示。

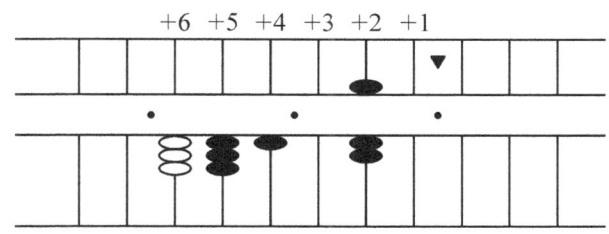

图 4 - 20　算前定位法运算过程(三)

第三步：被乘数百位数"3"乘以"478"。

"三四 12"：将本档数"3"改成积的十位数"1"，下一档加个位数"2"；右手食指点在加 2 的档位。"三七 21"：在食指所点的档位加上积的十位数"2"，下一档加个位数为"1"，食指点在加 1 的档位。"三八 24"：在食指所点的档位加上积的十位数"2"，下一档加个位数"4"，经过上述三步，盘上的数 174 470 即为答数，如图 4 - 21 所示。

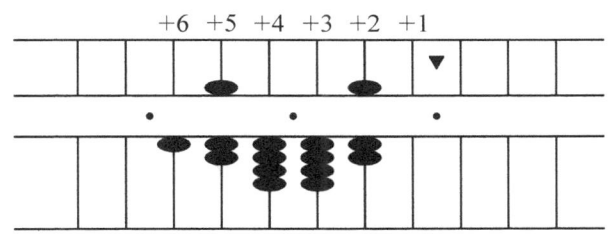

图 4 - 21　算前定位法运算过程(四)

三、中间有"0"的数的算法

被乘数和乘数中间有"0"的乘法容易加错积数档次。因此，在相乘的两个数中，如果只有一个数的中间有"0"，一般是以中间有"0"的数作为乘数，而以中间无"0"的数作为被乘数。

【例 4 - 20】　246×305＝ 75 030

置数时，以中间有"0"的数 305 作为被乘数，两数乘完后，采用公式定位法经过定位得积数 75 030，采用算前定位法，盘上的数即为结果。

遇到乘数中间有 0，初学者很容易加错积数档次。为了避免加错档次，可用对位规律确定加积档次，也可用手指点档，但需增加一句"0"的口诀："几 0 下加 0"。例如，8×604，口诀：八六 48，八 0 下加 0，八四 32。

算到乘 0 的口诀时,将点在前一次积数个位数的食指向右移动,在下一档加 0;再将食指点在加 0 的档位,作为加后一次积数十位数的档位。

【例 4 - 21】 208×604＝125 632

将被乘数 208 拨入算盘,边乘边看乘数 604,或默记 604。

第一步:被乘数个位数 8 乘以 604。

"八六 48":将本档数"8",改成积的十位数"4",在下一档加上个位数 8;食指点在加个位数 8 的档位。"八 0 下加 0":将食指移动在下一档加 0;食指点在加 0 的档位。"八四 32":在食指所点加 0 的档位加上积的十位数 3,下一档加个位数 2,得第一步积数 4 832。

第二步:被乘数的十位数 0,不用乘。

第三步:被乘数百位数 2 乘以 604。

"二六 12";将本档数"2",改成积的十位数"1",在下一档加上个位数 2;食指点在加个位数 2 的档位。"二 0 下加 0":将食指移动在下一档加 0;食指点在加 0 的档位。"二四 08":在食指所点加 0 的档位加上积的十位数 0,下一档加个位数 8,得第三步积数 125 632。

练一练

(1) 173×59	(2) 896×18
(3) 94×827	(4) 26×179
(5) 526×49	(6) 192×35
(7) 84×5 093	(8) 41×1 905
(9) 6 395×47	(10) 2 186×34
(11) 693×852	(12) 374×216
(13) 925×8 041	(14) 419×1 853
(15) 5 396×728	(16) 2 863×317
(17) 5 847×6 192	(18) 3 026×2 941
(19) 2 816×75 483	(20) 25 947×3 156
(21) 457.3×59.4	(22) 27×36.8
(23) 6.012×8.717	(24) 32.19×14.06
(25) 0.996×5.03	(26) 0.047×2.01
(27) 63.07×0.058	(28) 0.002 7×19.4
(29) 0.075×0.069	(30) 0.38×0.247

第六节 省 乘 法

在实际工作和珠算竞赛中,有时会遇到多位小数相乘,而答数要求保留的小数位数又较少时,就可运用省乘法。即在乘算过程中,按照一定规则,截掉那些对答数没有影响或影响甚微的部分积数。这样,既大大地减少了拨珠动作,又能得到比较准确的答数。省乘法不止一种,这里只介绍一种简便易学的结合算前定位的省乘法。

一、省乘法的概念

省乘法是根据近似计算的原理,在做小数乘法时,把计算截止在不影响精确度的档次,把没有作用的计算步骤省略去,不去计算,以达到提高计算效率,又不影响精确度的目的。

二、省乘法的方法和步骤

(1) 用空盘前乘法或破头乘法计算。积数定位采取算前定位法。

(2) 按照答数所要求的精确度,确定压尾档。

按答数(积数)要求精确到第 m 位小数,则压尾档定在算盘积数小数点右边第 $(m+3)$ 档(注:为了便于识别,需将压尾档的两颗上珠拨靠梁,或在该档拨上 9)。

在实际工作中,如果答案要求保留 2 位小数的,以倒数第一个计位点(金属钉)为标准点,以算盘的边为压尾档,如果答案要求保留 4 位小数的,以倒数第二个计位点(金属钉)为标准点,以算盘的边为压尾档,如图 4 - 22 所示。

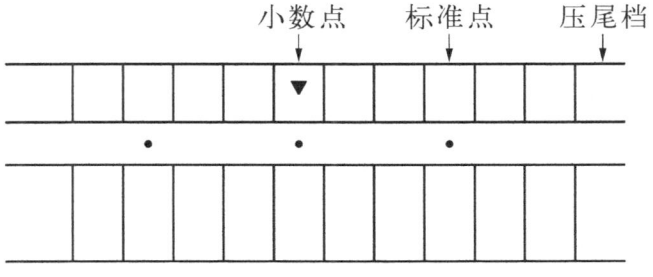

图 4 - 22 确定压尾档

（3）如用破头乘法,需将被乘数拨上算盘时,拨到压尾档的前一档为止。

（4）边乘边加积数,加到压尾档的前一档为止,凡落在压尾档及后面各档的积数,一概舍弃,因而也不用乘。

（5）乘完后,对多算的积数尾数四舍五入。

【例 4 - 22】 2.194×0.008 74＝0.02

第一步:确定压尾档。

答数要求精确到第 2 位小数。以倒数第一个计位点（金属钉）为标准点,以算盘的边为压尾档。

第二步:定小数点及起乘位。

本例要求答数保留 2 位小数（即精确到 0.01）,以倒数第二个计位点为小数点。

位数和:（1 位）＋（－2 位）＝ －1（位）

第三步:用空盘前乘法计算。

（1）乘数第一位数"8"×"2 194"。

"八二 16":由于位数和是－2 位,所以积数在小数点后空一档,即第二档拨上积数首位数"1",下一档"6"。"八一 08",在前一档个位数"6",加上"0",后一档加上"8"。"八九 72",在前一档个位数"8",加上"7",后一档加上"2"。"八四 32",在前一档个位数"2",加上"3","2"落在压尾档舍弃,后面的数也不用乘,如图 4 - 23 所示。

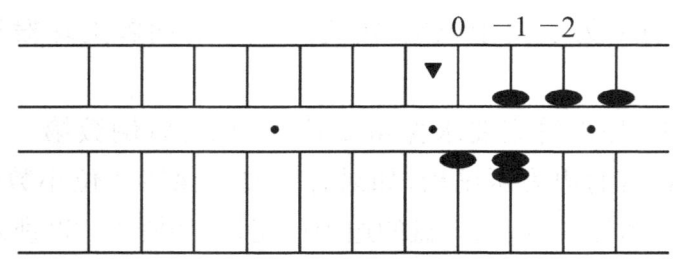

图 4 - 23 省乘法计算过程（一）

（2）乘数第二位数"7"×"2 194"。

"七二 14",由于是乘数的第二位,积数在起乘位的第二档开始加积,即在小数点后面第三档拨上积数首位数"1",下一档"4"。"七一 07",在前一档个位数"4",加上"0",下一档"7"。"七九 63",在前一档个位数"7",加上"6","3"落在压尾档舍弃,后面的数也不用乘,如图 4 - 24 所示。

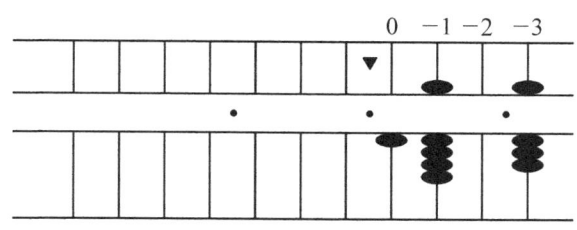

图 4-24 省乘法计算过程(二)

(3) 乘数第二位数"4"×"2 194"。

"四二 08",由于是乘数的第三位,积数在起乘位的第三档开始加积,即在小数点后面第四档拨上积数首位数"0",下一档"8"。"四一 04",落在压尾档舍弃,后面的数也不用乘,如图 4-25 所示。

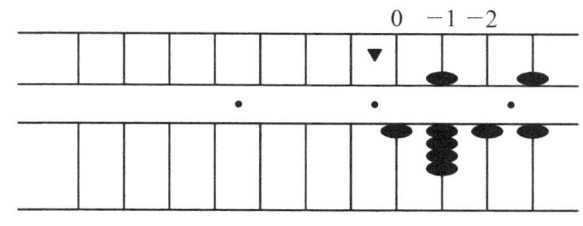

图 4-25 省乘法计算过程(三)

第四步:按题意,要求答数保留两位小数,将第 3 位小数舍弃,得答数 0.02。

 **练一练**

> 1. 以下计算精确到 0.01(保留两位小数)。
>
> (1) 0.62×0.036　　　　　　　(2) 47.6×0.008 432
>
> (3) 408.457×0.005 39　　　　 (4) 1.479 64×2.074 5
>
> (5) 36.007×0.002 46　　　　　(6) 145.938×2.014 54
>
> (7) 0.078 62×20.036　　　　　(8) 780.620 1×0.067
>
> (9) 680.062×10.200 36　　　　(10) 50.243×20.067 8
>
> 2. 以下计算精确到 0.000 1(保留四位小数)。
>
> (1) 0.893 854×0.982 020　　　(2) 467.85×0.007 864
>
> (3) 0.783 159 4×0.020 64　　　(4) 46.970 1×0.043 86
>
> (5) 9.008 6×92.643　　　　　 (6) 90.764 35×0.483 69
>
> (7) 467.858 7×0.007 864　　　(8) 0.643 5×0.970 85
>
> (9) 6.543 28×4.567 897　　　　(10) 7.008 5×0.600 786 4

综 合 练 习

用珠算乘法计算下列各题(保留小数二位,以下四舍五入)。

(1) 71.07×8　　　　　　　　(2) 5.839×4

(3) 82 904×0.004　　　　　　(4) 0.535 4×20

(5) 0.418 4×700　　　　　　 (6) 4 723×86

(7) 6 445×71　　　　　　　　(8) 3 308×62

(9) 7 403×35　　　　　　　　(10) 4 682×17

(11) 91×7.634　　　　　　　 (12) 59×6 082

(13) 6 434×0.79　　　　　　 (14) 715.8×2.3

(15) 0.842 4×690　　　　　　(16) 60 360×0.038

(17) 55.07×1.5　　　　　　　(18) 282×876

(19) 756×472　　　　　　　　(20) 335×718

(21) 919×374　　　　　　　　(22) 742×826

(23) 107×356　　　　　　　　(24) 2 361×439

(25) 46×2 935　　　　　　　　(26) 241×67.59

(27) 61.7×9.23　　　　　　　(28) 375×2 186

(29) 20.45×1.87　　　　　　 (30) 932×7.048

(31) 923.84×16.9　　　　　　(32) 7 207×0.965

(33) 874.2×3.16　　　　　　 (34) 0.943 6×8 415

(35) 609.4×37.36　　　　　　(36) 40.697 14×0.532

(37) 7.195 484×45.229 6　　 (38) 54.418 273×0.486 291

(39) 317.724 8×0.473 849　　(40) 49.524 74×8.804 931

第五章

珠 算 除 法

【内容提要】 本章主要介绍商的定位方法和除法的运算方法。在众多的除法方法中主要介绍商除法、补商与退商、省除法。要求了解珠算除法的基本概念、种类；掌握商的定位的两种方法，重点掌握商除法。

第一节　珠算除法概述

一、除法的概念及公式

把总量分割成若干等份的方法叫除法。总量叫被除数,去分割的数叫除数,被除数与除数相除的结果叫做商数。

公式：被除数÷除数＝商数

二、除法的分类

珠算基本除法有商除、归除、剥皮除法。

商除法与笔算除法原理相同,算法简单,易记易学。但运算时,要用心算估计商数。

归除法估商速度较快,但口诀多达 79 句,而且与笔算除法脱节,用珠又十分复杂;有时要用到底珠、顶珠和悬殊,由于它的口诀太多,算法复杂,因而学习和运用归除的人愈来愈少。

剥皮除法只需记三句口诀,简单易学。但从被除数里层层减除数,拨珠动作增加了数倍,计算速度慢,效率很低。本教材结合教学实践的经验,认为珠算除法选教商除法已经够用,为此,珠算除法仅介绍商除法。

第二节 商的定位法

两数相除,必须经过定位,才能确定商数小数点的位置。珠算商数定位有多种方法,常用的有公式定位法和算前定位法两种。

一、公式定位法

公式定位法又称通用定位法,是按照被除数和除数的位数,以及比较这两个数首位数大小,用一定的公式来确定商的位数的方法。商的位数与被除数、除数位数之间有一定的规律性。

简记:被除数首小位相减,首大减后加1位。

它们之间的位数关系不会超出这样两种情况:

(1) 被除数首位数小于除数的首位数时:

$$商数位数=被除数位数(m)-除数位数(n)$$

【例5-1】 $3\,886 \div 67 = 58$

$$4\,位 - 2\,位 = 2\,位$$

被除数首位数3,小于除数的首位数6。

【例5-2】 $52\,635 \div 0.87 = 60\,500$

$$5\,位 - 0\,位 = 5\,位$$

被除数首位数5,小于除数的首位数8。

(2) 被除数的首位数大于除数的首位数时:

$$商数位数 = 被除数位数(m)-除数位数(n)+1$$

【例5-3】 $0.752\,4 \div 2.09 = 0.36$

$$0\,位 - 1\,位 + 1 = 0\,位$$

被除数首位数7,大于除数的首位数2。

【例5-4】 $89.76 \div 0.064 = 1\,402.5$

$$2\,位 - (-1)\,位 + 1 = 4\,位$$

被除数首位数8,大于除数的首位数6。

（3）被除数的首位数等于除数的首位数时，则比较两者的第二位；若第二位也相同，则比较第三位……以此类推。

【例 5 - 5】 3 196÷37 600＝0.085

        ↓   ↓   ↓

    4 位 － 5 位 ＝ －1 位

被除数的首位数与除数的首位数相同；于是比较两者的第二位，被除数的第二位 1 小于除数的第二位 7。

【例 5 - 6】 100.1÷100.1＝ 1

        ↓   ↓   ↓

    3 位－3 位＋1＝1 位

被除数与除数的各位数相同。

二、算前定位法

算前定位法又称盘上定位法，即在计算前，在算盘上定好个位档，然后将被除数布于盘中的适当档上，计算后商的个位数正好落在个位档上，这种定位方法也称为盘上算前固定个位档定位法。

具体步骤：

（1）在算盘上选一个带有计位点的档作为商的个位档，用"▼"表示。

（2）定位：依据定位公式进行定位。

定位公式：被除数位数（m）－除数位数（n）－1

（3）置数：先将被除数按算前定位法公式计算出的位数拨入相应的档位，然后默记除数。

（4）运算顺序：从被除数首位开始，由高到低依次除到末位或除到要求的精确度为止。

（5）置商：置商即运算放置商数的档位。

原则：

够除隔位商，不够除挨位商。

被除数的首位数大于或等于除数首位数时，称为够除；被除数的首位数小于除数的首位数时，称为不够除。

商的档位有两种情况：如果被除数的首位数大于或等于除数首位数，商拨在被除数前空一档（即左二档）的档位上，叫做隔位商；如果被除数的首位数小于除数的首位数，商拨在被除数左一档上，叫做挨位商。

盘式表示如表 5 - 1 所示。

表 5-1 盘 式 表 示

商 的 位 置		被 除 数
↓	↓	↓
隔 位	挨 位	被除数首位

【例 5-7】 $754 \div 3 = 251.33$

被除数首位数 7,大于除数的首位数 3,够除,隔位商。

【例 5-8】 $5.86 \div 586 = 0.01$

被除数与除数的各位数相同,够除,隔位商。

【例 5-9】 $85 \div 794 = 0.11$

被除数首位数 8,大于除数的首位数 7,够除,隔位商。

【例 5-10】 $5.796 \div 0.03 = 193.20$

被除数首位数 5,大于除数的首位数 3,够除,隔位商。

【例 5-11】 $96 \div 4 = 24$

被除数首位数 9,大于除数的首位数 4,够除,隔位商。

【例 5-12】 $157 \div 2 = 78.5$

被除数首位数 1,小于除数的首位数 2,不够除,挨位商。

【例 5-13】 $468 \div 6 = 78$

被除数首位数 4,小于除数的首位数 6,不够除,挨位商。

 练一练

用公式定位法和算前定位法计算出下列各题商数的位数和被除数置数的档位,如表 5-2 所示。

表 5-2 公式定位法练习表

序号	算 题	公式定位法确定商数的位数	算前定位法确定被除数置数的档位
1	$42.88 \div 0.067 =$		
2	$1\,919 \div 0.087 =$		
3	$6\,555.38 \div 66.35 =$		

（续表）

序号	算　题	公式定位法确定商数的位数	算前定位法确定被除数置数的档位
4	$47.719 \div 0.401 =$		
5	$0.0616 \div 0.0298 =$		
6	$0.29309 \div 0.647 =$		
7	$80\,783\,700 \div 0.009\,532 =$		
8	$0.098\,5026 \div 99.8 =$		
9	$46\,902.79 \div 43.8 =$		
10	$113\,567 \div 1\,582 =$		
11	$900\,123 \div 89 =$		
12	$3\,680 \div 72 =$		
13	$500\,000 \div 5\,000 =$		
14	$46\,800 \div 468\,000 =$		
15	$2\,800 \div 70 =$		

第三节　商　除　法

一、一位数除法

除数是一位非零数字的除法，叫做一位数除法，其运算方法及步骤是：

（1）置数：将被除数拨入算盘。

采用算前定位法进行计算的，先按算前定位法公式：$m-n-1$ 计算出被除数档位，然后按位拨入被除数，默记除数。

采用公式定位法定位的,可在算盘左边第三档起拨上被除数,默记除数。

（2）运算顺序:从被除数首位开始,由高到低依次除到末位,或除到所要求的精确度为止。

（3）估商:用"大九九"口诀估商,若被除数首位数大于除数首位数,用被除数最高位数字与除数估商;若被除数首位数字小于除数,估商时用被除数前两位数字与除数估商。

（4）置商:置商即运算中置商数的档位。

置商档位的原则:够除隔位商,不够除挨位商。

（5）减积档次:在被除数中,减去商与除数的乘积称为减积。

一位商除法的减积档次:商与除数相乘之积的十位数,在商的右一档减,个位数在商的右二档减。

【例5-14】 96÷4＝24

操作运算步骤:

第一步:采用算前定位法。

置数档位:2-1-1＝0

被除数首位数9比除数首位数4大,够除,隔位商,估得商数2,在左边隔一位拨上商数2,如图5-1所示。

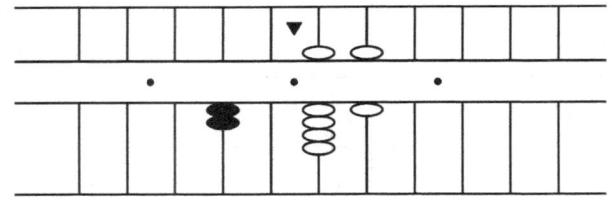

图5-1 运算过程(一)

第二步:减积。

用商数2乘以除数4,"二四08",在商数右边第一档减积数0,商数右边第二档减积数个位数8,还有余数16,如图5-2所示。

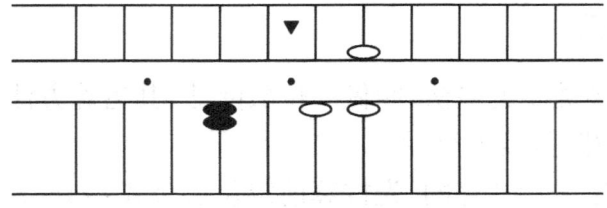

图5-2 运算过程(二)

第三步：求第二位商数(16÷4)。

(1)估商：用除数 4 除被除数首两位数 16，估商得 4，由于被除数首位数 1 小于除数 4，在被除数 16 的左边挨位拨上商 4，简称挨商 4，如图 5-3 所示。

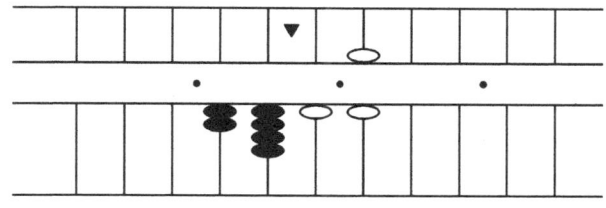

图 5-3　运算过程(三)

(2)减积：用商数 4 乘以除数，"四四 16"，在商数右边第一档减积数十位数 1，右边第二档减积数个位数 6，无余数，得本题商数 24。

【例 5-15】　1 785÷5＝357

运算步骤：

第一步：采用算前定位法。

置数档位：4-1-1＝2

被除数首位数 1 比除数首位数 5 小，不够除，挨位商，估得商数 3，在被除数左边挨位拨上商数 3。

第二步：减积。

用商数 3 乘以除数 5，"三五 15"，在商数右边第一档减积数 1，商数右边第五档减积数个位数 5，还有余数 285。

第三步：求第二位商数(285÷5)。

(1)估商：用除数 5 除被除数首两位数 28，估商得 5，由于被除数首位数 2 小于除数 5，在被除数 285 的左边挨位拨上商 5，简称挨商 5。

(2)减积：用商数 5 乘以除数 5，"五五 25"，在商数右边第一档减积数 2，商数右边第二档减积数个位数 5，还有余数 35。

第四步：求第三位商数(35÷5)。

(1)估商：用除数 5 除被除数首两位数 35，估商得 7，由于被除数首位数 3 小于除数 5，在被除数 35 的左边挨位拨上商 7，简称挨商 7。

(2)减积：用商数 5 乘以除数 7，"五七 35"，在商数右边第一档减积数 3，商数右边第二档减积数个位数 5，无余数，得本题商数 357。

【例 5-16】　97.30÷3＝32.43

运算步骤：

第一步：采用算前定位法。

置数档位：2－1－1＝0

被除数首位数 9 比除数首位数 3 大,够除,隔位商,估得商数 3,在被除数左边隔一位拨上商数 3。

第二步：减积。

用商数 3 乘以除数 9,"三三 09",在商数右边第一档减积数 0,商数右边第二档减积数个位数 9,还有余数 73。

第三步：求第二位商数(73÷3)。

(1)估商：用除数 3 除被除数首位数 7,估商得 2,由于被除数首位数 7 小于除数 3,在被除数 73 的左边隔一位拨上商 2,简称隔商 2。

(2)减积：用商数 2 乘以除数 3,"二三 06",在商数右边第一档减积数 0,商数右边第二档减积数个位数 6,还有余数 13。

第四步：求第三位商数(13÷3)。

(1)估商：用除数 3 除被除数首两位数 13,估商得 4,由于被除数首位数 1 小于除数 3,在被除数 13 的左边挨位拨上商 4,简称挨商 4。

(2)减积：用商数 4 乘以除数 3,"四三 12",在商数右边第一档减积数 1,商数右边第二档减积数个位数 2,还有余数 1。

第五步：求第四位商数(1÷3)。

(1)估商：用除数 3 除被除数首两位数 10,估商得 3,由于被除数首位数 1 小于除数 3,在被除数 10 的左边挨位拨上商 3,简称挨商 3。

(2)减积：用商数 3 乘以除数 3,"三三 09",在商数右边第一档减积数 0,商数右边第二档减积数个位数 9,还有余数 1。至此,已除至小数点后面第二位了,如果保留小数两位(由于余数 1 小除数 3 的 1/2 则舍去),则得商为 32.43

【例 5 - 17】 213.25÷3≈71.08

运算步骤：

第一步：采用算前定位法。

置数档位：3－1－1＝1

被除数首位数 2 比除数首位数 3 小,不够除,挨位商,估得商数 7,在被除数左边挨位拨上商数 7。

第二步：减积。

用商数 7 乘以除数 3,"七三 21",在商数右边第一档减积数 2,商数右边第二档减积数个位数 1,还有余数 325。

第三步：求第二位商数（325÷3）。

（1）估商：用除数 3 除被除数首位数 3，估商得 1，由于被除数首位数 3 小于除数 3，在被除数 325 的左边隔一位拨上商 1，简称隔商 1。

（2）减积：用商数 1 乘以除数 3，"一三 03"，在商数右边第一档减积数 0，商数右边第二档减积数个位数 3，还有余数 25。

第四步：求第三位商数（25÷3）。

（1）估商：用除数 3 除被除数首两位数 25，估商得 8，由于被除数首位数 2 小于除数 3，在被除数 25 的左边挨位拨上商 8，简称挨商 8。

（2）减积：用商数 8 乘以除数 3，"八三 24"，在商数右边第一档减积数 2，商数右边第二档减积数个位数 4，还有余数 1。至此，已除至小数点后面第二位了，如果保留小数两位（由于余数 1 小除数 3 的 1/2 则舍去），得商为 71.08。

【例 5 - 18】 9 205.7÷60≈153.43

运算步骤：

第一步：采用算前定位法。

置数档位：4−2−1＝1

被除数首位数 9 比除数首位数 6 大，够除，隔位商，估得商数 1，在被除数左边隔一位拨上商数 1。

第二步：减积。

用商数 1 乘以除数 6，"一六 06"，在商数右边第一档减积数 0，商数右边第二档减积数个位数，还有余数 32 057。

第三步：求第二位商数（32 057÷6）。

（1）估商：用除数 6 除被除数首二位数 32，估商得 5，由于被除数首位数 3 小于除数 6，在被除数 32 057 的左边挨位拨上商 5，简称挨商 5。

（2）减积：用商数 5 乘以除数 6，"五六 30"，在商数右边第一档减积数 3，商数右边第二档减积数个位数 0，还有余数 2 057。

第四步：求第三位商数（2 057÷6）。

（1）估商：用除数 6 除被除数首两位数 20，估商得 3，由于被除数首位数 2 小于除数 6，在被除数 20 的左边挨位拨上商 3，简称挨商 3。

（2）减积：用商数 3 乘以除数 6，"三六 18"，在商数右边第一档减积数 1，商数右边第二档减积数个位数 8，还有余数 257。

第五步：求第四位商数（257÷6）。

（1）估商：用除数 6 除被除数首两位数 25，估商得 4，由于被除数首位数 2 小于除数 6，在被除数 25 的左边挨位拨上商 4，简称挨商 4。

（2）减积：用商数 4 乘以除数 6，"四六 24"，在商数右边第一档减积数 2，商数右边第二档减积数个位数 4，还有余数 17。

第六步：求第五位商数（17÷6）。

（1）估商：用除数 6 除被除数首两位数 17，估商得 2，由于被除数首位数 1 小于除数 6，在被除数 17 的左边挨位拨上商 2，简称挨商 2。

（2）减积：用商数 2 乘以除数 6，"二六 12"，在商数右边第一档减积数 1，商数右边第二档减积数个位数 2，还有余数 5。

至此，已除至小数点后面第二位了，如果保留小数两位（由于余数 5 大除数 6 的 1/2 则五入），得商为 153.43。

注：除数、被除数末位不管有多少个"0"，只是在算前确定置数档位时用上，在运算过程中不用考虑。

二、多位数除法

除数超过一位数的除法，称做多位数除法。其运算方法及步骤如下。

（一）定位置数

按照算前定位法，将被除数拨上算盘；置数后，默记除数。

定位公式：被除数位数（m）－除数位数（n）－1

（二）置商和估商

1. 置商

置商即运算中放置商数的档位。

原则：

够除隔位商，不够除挨位商。

被除数首位数与除数首位数相比（首位数相同，还需比第二位，以此类推）：

被除数首位数≥除数首位数，够除，隔位商。

被除数首位数≤除数首位数，不够除，挨位商。

隔位商是指在被除数首位数左二档上置商。

挨位商是指在被除数首位数左一档上置商。

【例 5－19】　975÷39＝25

被除数首位数 9 大于除数首位数 3，够除，隔位商。

【例 5 - 20】 $5.86÷586=0.01$

被除数与除数相同,够除,隔位商。

【例 5 - 21】 $4\,770÷45=106$

被除数首位数与除数首位数相同,比较第二位,7 大于 5,够除,隔位商。

【例 5 - 22】 $6\,972÷83=84$

被除数首位数 $6≤$ 除数首位数 8,不够除,挨位商。

2. 估商

估商的方法有两种:心算估商法和口诀估商法。

(1) 心算估商法。

商除法用乘法口诀,通过心算估商。

第一种:除数首位数估商法。

除数第二位数小于 5 时,用除数首位数估商。当被除数首位数大于除数首位数时,用除数首位数除被除数首位;当被除数首位数小于除数首位数时,用除数首位数去除被除数首两位数。此法所估商数,往往过大。

【例 5 - 23】 $708÷236=3$

除数第二位数"3"小于"5",用除数首位数"2"估商;又因被除数首位数"7"大于除数首位数"2",所以,用除数首位数"2"除被除数首位数"7",估得商数 3。

【例 5 - 24】 $5\,184÷648=8$

除数第二位数"4"小于"5",用除数首位数"6"估商,用除数首位数"6"除被除数头两位数"51"(即 $51÷6$),估得商数 8。

第二种:除数头位数加 1 估商法。

除数第二位数大于或等于 5 时,将除数首位数加 1 后估商。当被除数首位数大于被除数首位数时,用"除首加 1"去除被除数首位数;当被除数首位数小于被除数首位数时,用"除首加 1"去除被除数首两位数;此法所估商数,往往偏小。

【例 5 - 25】 $792÷264=3$

除数第二位数"6"大于"5",用除数首位数 2 加 1,即用 3 估商;又因被除数首位数 7 大于除数首位数 2,故用 3 除被除数首位数 7(即 $7÷3$),估得商数 2,但实际商数应该是 3。估商偏小,应补商。

(2) 口诀估商。

商除法用口诀估商,只要记熟十多句口诀,估商便可一呼即得。用口诀所估得商数,大多数是准确的,少数不准确的,可用补商法或退商法进行调整,也能很快得到准确的商数,如表 5 - 3 所示。

表 5 - 3　估 商 口 诀

一、首小类口诀（挨位商）	二、首大类口诀（隔位商）
二除一商 5　　　五除商倍 三除一商 3　　　六除商大 2 三除二商 6　　　七除商大 1 四除一商 2　　　八除商大 1 四除二商 5　　　九除商同 四除三商 7	1. 大数隔商 1, 　　隔档减除数。 2. 几倍隔商几
	三、首同下小类口诀
	首同下小挨商 9

注意：每句口诀的第一个数代表除数首位数,第二个数代表被除数首位数,末尾那个数代表商数。

从表 5 - 3 看,估商口诀分成三类,下面介绍口诀的运用：

第一类,首小类口诀。

被除数首位数小于除数首位数,用"首小类"口诀估商。

口诀：

二除一商 5。

【例 5 - 26】　1 430÷286＝5

除数首位数是 2,被除数首位数是 1,用口诀二除一商 5,商数得 5。

【例 5 - 27】　13 640÷248＝55

用口诀二除一商 5,商数得 5;还有余数 124,用口诀二除一商 5,商数得 5。

口诀：

三除一商 3,三除二商 6。

【例 5 - 28】　2 208÷368＝6

用口诀三除二商 6,商数得 6。

【例 5 - 29】　21 924÷348＝63

用口诀三除二商 6,商数得 6,余数还有 1 044,用口诀三除一商 3,商数得 3。

口诀：

四除一商 2,四除二商 5,四除三商 7。

【例 5 - 30】　1 242÷46＝27

用口诀四除一商 2,商数得 2,余数还有 322,用口诀四除三商 7,商数得 7。

【例 5 - 31】　35 850÷478＝75

用口诀四除三商 7,商数得 7,余数还有 239,用口诀四除二商 5,商数,5。

口诀：

五除商倍。

【例 5 - 32】　13 608÷567＝24

用口诀五除商倍,得商数 2,还有余数 2 268,用口诀五除商倍,得商数 4。

【例 5 - 33】　36 312÷534＝68

用口诀五除商倍,得商数 6,还有余数 4 272,用口诀五除商倍,得商数 8。

口诀:

六除商大 2。

【例 5 - 34】　2 108÷62＝34

用口诀六除商大 2,得商数 3,还有余数 248,用口诀六除商大 2,得商数 4。

【例 5 - 35】　28 122÷654＝43

用口诀六除商大 2,得商数 4,还有余数 1 962,用口诀六除商大 2,得商数 3。

口诀:

七除商大 1,八除商大 1。

【例 5 - 36】　31 452÷7 863＝4

用口诀七除商大 1,得商数 4。

【例 5 - 37】　41 652÷78＝534

用口诀七除商大 1,得商数 5,还有余数 2 653,用口诀七除商大 1,得商数 3,还有余数 312,用口诀七除商大 1,得商数 4。

【例 5 - 38】　53 178÷8 863＝6

用口诀八除商大 1,得商数 6。

【例 5 - 39】　1 968÷82＝24

用口诀八除商大 1,得商数 2,还有余数 328,用口诀八除商大 1,得商数 4。

口诀:

九除商同。

【例 5 - 40】　6 789÷987≈6.88

被除数首位数是 6,商数同样是 6,还有余数 867,九除商同,估商 8,还有余数 774,再估商得 7,还有余数 84,四舍五入,得本题答数 6.88。

第二类,首大类口诀。

被除数首位数大于除数首位数(或者被除数等于除数),就把被除数叫做大数,要运用大数类口诀估商只有两句口诀。

① "大数隔商 1,隔档减除数"。遇到被除数是"大数",就在被除数左边隔一位拨上商数 1,并从商数左边隔档起减去一次除数,减了一次除数后,如果余数还是大数,就再次隔商 1,再减一次除数。

【例 5 - 41】 $630 \div 42 = 15$

被除数首位数"6"大于除数首位"4",在被除数左边隔一档拨上商数1,并从商数右边隔档减去除数42,还有余数21,运用"四除二商5"口诀,得商数5。

② "几倍隔商几"。遇到除数首位数很小,即是1或2,而且被除数首位数又很大时,粗略估计被除数是除数的几倍,就在被除数左边隔一档拨上商数几。

【例 5 - 42】 $736 \div 32 = 23$

取首两位数估商,估计73大约是32的2倍,就在被除数左边隔档拨上商数2,减积后还有余数96,96大约是32的3倍,就在被除数左边隔档拨上商数3。

第三类,首同下小类口诀。

口诀:

首同下小挨商9。

遇到被除数首位数与除数首位数相同(或首几位数相同),但被除数的下一位数较小,即被除数第二位数小于除数第二位数,就在被除数左边挨位拨上商数9。

【例 5 - 43】 $5\,283 \div 587 = 9$

被除数首位数与除数首位数相同,但被除数第二位数小于除数第二位数,用口诀"首同下小挨商9",在被除数左边挨位拨上商数9。

【例 5 - 44】 $68\,805 \div 695 = 99$

用口诀"首同下小挨商9",在被除数左边挨位拨上商数9,还有余数6 255,再用口诀"首同下小挨商9",在被除数左边挨位拨上商数9。

(三) 乘、减

相乘时,由除数第一位数乘起,减积数时,从商数右边第一档减起。

减积数的规律有两条。

1. 对位规律

用本位商数乘以除数第几位数,在商数右边第几档减去积数的十位数。

例如,商数乘以除数第一位数,在商数右边第一档减积数十位数;商数乘以除数第二位数,在商数右面第二档减积数十位数。

2. 前、后积规律

每乘一位,减一次积数,要在减前一次积数个位数的档位,减去后一次积数的十位数。

为了避免减错档位,初学者可采取同乘法一样的手指点档法。

口诀:

点在前积个位档,减去后积十位数。

（四）计算结果

算盘上的数即为答数。

【例 5 - 45】 63 412÷83＝764

采用算前定位法计算如下：

第一步：定位置数。

（5 位）－（2 位）－（1 位）＝（2 位）

从商数小数点前二档起拨上被除数 63 412，如图 5 - 4 所示。

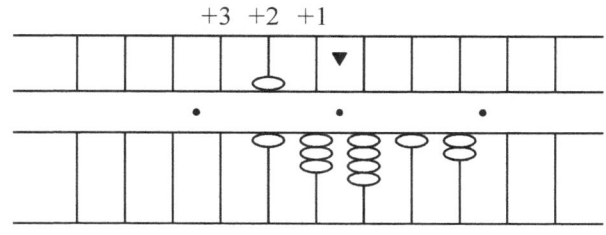

图 5 - 4　定位置数

第二步：计算各位商数。

（1）计算第一位商数。

八除商大 1，估商 7，减积"七八 56、七三 21"，还有余数 5 312，如图 5 - 5 所示。

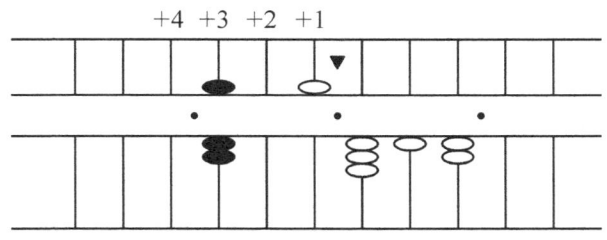

图 5 - 5　计算第一位商数

（2）计算第二位商数。

八除商大 1，估商得 6，减积"六八 48、六三 18"，还有余数 332，如图 5 - 6 所示。

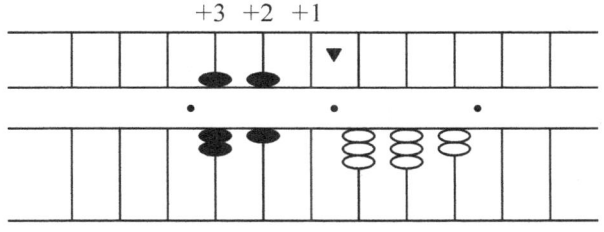

图 5 - 6　计算第二位商数

（3）计算第三位商数。

八除商大 1，得商数 4，如图 5-7 所示。

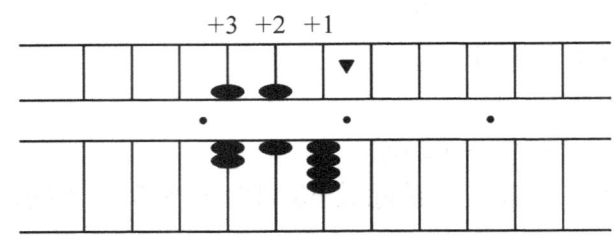

图 5-7　计算第三位商数

（4）算盘上的数是答数。

【例 5-46】　70 221÷789＝89

采用算前定位法计算如下：

第一步：定位置数。

（5 位）－（3 位）－（1 位）＝（1 位）

从商数小数点前一档起拨上被除数 70 221。

第二步：计算各位商数。

（1）计算第一位商数。七除商大 1，估商 8，减积"八七 56、八八 64、八九 72"还有余数 7 101。

（2）计算第二位商数。"七除商大 1"，估商得 8，减积"八七 56、八八 64、八九 72"还有余数 789，补商 1 隔位减除数 789。

（3）算盘上的答数是 789。

【例 5-47】　25 992÷342＝76

采用算前定位法计算如下：

第一步：定位置数。

（5 位）－（3 位）－（1 位）＝（1 位）

从商数小数点前一档起拨上被除数 75 992。

第二步：计算各位商数。

（1）计算第一位商数。"三除二商 6"，估商得 6，减积"六三 18，六四 24，六二 12"还有余数 5 472，补商 1，隔位减除数 324，余数 2 052。

（2）计算第二位商数。"三除二商 6"，化商得 6，减积，用商数 6 乘以除数 342，"六三 18、六四 24、六二 12"。

（3）算盘上的答数是 76。

【例 5－48】　585÷45＝13

采用算前定位法计算如下：

第一步：定位置数。

（3 位）－（2 位）－（1 位）＝（0 位）

从商数小数点后一档起拨上被除数 585。

第二步：计算各位商数。

（1）计算第一位商数。5 除以 4 够除隔位商，估商 1，隔位减除数 45，还有余数 135。

（2）计算第二位商数。"七除商大 1"，估商得 8，减积"八七 56、八八 64、八九 72"还有余数 789，补商 1 隔位减除数。

（3）算盘上的答数是 789。"四除一商 2"，估商得 2，减积"二四 08、二五 10"还有余数 45，补商 1 隔位减除数 45。

（4）算盘上的答数是 13。

【例 5－49】　190 960÷620＝308

采用算前定位法计算如下：

第一步：定位置数。

（6 位）－（3 位）－（1 位）＝（2 位）

从商数小数点前二档起拨上被除数 190 960。

第二步：计算各位商数。

（1）计算第一位商数。"六除商大 2"，估商 3，减积"三六 18、三二 06、三零 00"，余数 496。

（2）计算第二位商数。"六除商大 2"，估商 6，减积"六六 36、六二 12、六零 00"，补商 2。

（3）算盘上的答数是 308。

练一练

请计算下列除法，要求保留两位小数。

（1）12 294÷200　　　　　　（2）21 642÷3 000

（3）3 008÷40　　　　　　　（4）68 914÷2 000

（5）876.96÷400　　　　　　（6）6 175÷50

（7）8 208÷30　　　　　　　（8）5 678.9÷9

(9) 1 638÷70

(10) 23 456÷80 000

(11) 86.16÷6

(12) 4 987÷300

(13) 9 886÷50

(14) 144 000÷500

(15) 25 812÷554

(16) 234 500÷225

(17) 111 728÷520

(18) 246 688÷231 400

(19) 3 378.89÷1 640.33

(20) 450 570÷3 450

(21) 974 964÷452

(22) 5 837.02÷4.86

(23) 557 656÷522

(24) 26 676÷652

(25) 31 681.76÷7 228.89

(26) 36 729÷8 520

(27) 9 031.25÷425.78

(28) 7 518÷352

(29) 81 430.24÷364

(30) 7 269÷463

第四节　补商与退商

在除法运算中,由于除法数位较多,估的商难免会过大或过小,这就需要调商。商过大时,要退商;商过小时,要补商。

一、补商

在除法运算中,如果商数偏小,必然出现余数大于（或等于）除数,这就要补商,在商数里加上 1,并从商数右边隔档起减除数。

简记:

余大商加 1,隔档减除数。

判断余数大于除数的方法如下:

(1) 如果余数与商数之间无空档,即在商数的下一档有余数,余数肯定大于除数。

(2) 与商数之间只隔一个空档,并且余数是大数,余数也肯定大于除数。

【例 5-50】　26 496÷36＝736

第一步:采用算前定位法定位。

5 位－2 位－1＝2 位

第二步:计算各位商数。

(1) 计算第一位商数。"三除二商六",得商数 6,减"六三 18、六六 36",还有余数 4 896,如图 5-8 所示。

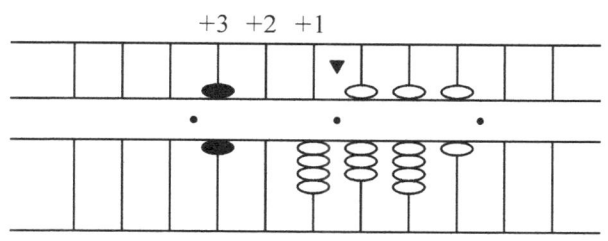

图 5 - 8　计算第一位商数(一)

余数 4 896 与商数 6 之间只隔一个空档,并且余数大于除数,就要补商;在商数 6 加上 1,从商数右边隔档起减去除数 36,第一个商数得 7,余数为 1 296,如图 5 - 9 所示。

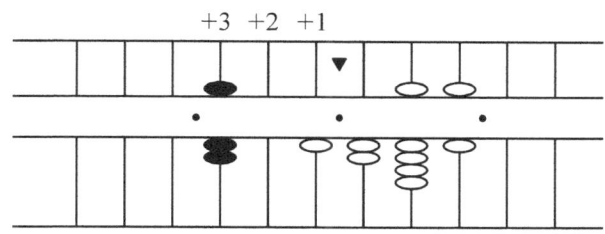

图 5 - 9　计算第一位商数(二)

(2)计算第二位商数。"三除一商三",得商 3,减积"三三 09、三六 18",余数 216,如图 5 - 10 所示。

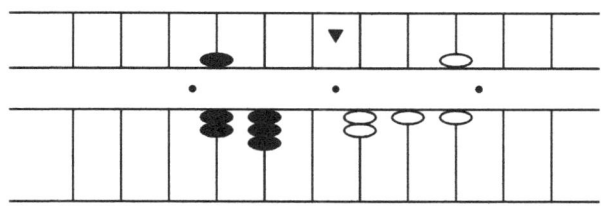

图 5 - 10　计算第二位商数

(3)计算第三位商数。"三除二商 6",得商 6,减积"六三 18、六六 36",得本题商数 736。如图 5 - 11 所示。

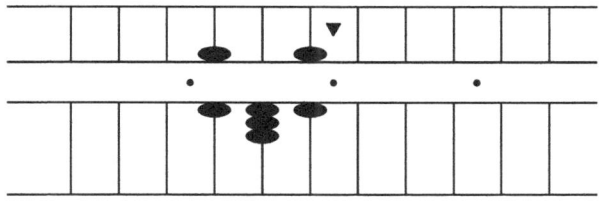

图 5 - 11　计算第三位商数

【例5-51】　3 649.05÷95.4＝38.25

第一步：采用算前定位法定位。

4位－2位－1＝1位

第二步：计算各位商数。

（1）计算第一位商数。"九除商相同"，得商数3，减积"三九27、三五15、三四12"，还有余数78 705。

（2）计算第二位商数。"九除商相同"，得商数7，减积"七九63、七五35、七四28"，还有余数11 985，余数11 985与商数37之间没有空档，余数大于除数，就要补商；在商数7加上1，隔档减去除数954，第二个商数得8，余数为244。

（3）计算第三位商数。"九除商相同"，得商数2，减积"二九18、二五10、二七14"，还有余数529。

（4）计算第四位商数。估商5，减积"五九45、五五25、五七35"，还有余数505（四舍）。

（5）本题商数为38.25。

【例5-52】　6 600.96÷764＝8.64

第一步：采用算前定位法定位。

4位－3位－1＝0位

第二步：计算各位商数。

（1）计算第一位商数。"七除商大1"，得商数7，减积"七七49、七六42、七四28"，还有余数125 296，与商数7之间没有空档，余数大于除数，就要补商；在商数7加上1，隔档减去除数764，第一个商得8，余数为48 896。

（2）计算第二位商数。"七除商大1"，得商数5，减积"五七35、五六30、五四20"，还有余数10 696，与商数35之间没有空档，余数大于除数，就要补商；在商数5加上1，隔档减去除数764，第二个商得6，余数为3 056。

（3）计算第三位商数。"七除商大1"，得商数4，减积"四七28、四六24、四四16"，没有余数。

（4）本题商数为8.64。

【例5-53】　6 440.24÷760≈8.47

第一步：采用算前定位法定位。

4位－3位－1＝0位

第二步：计算各位商数。

（1）计算第一位商数。"八除商大 1"，得商数 7，减积"七七 49、七六 42、七零 00"，还有余数 112 029，与商数 7 之间没有空档，余数大于除数，就要补商；在商数 7 加上 1，隔档减去除数 760，第一个商得 8，余数为 36 024。

（2）计算第二位商数。"七除商大 1"，得商数 4，减积"四七 28、四六 24、四零 00"，还有余数 5 624。

（3）计算第三位商数。"七除商大 1"，得商数 6，减积"六七 42、六六 36、六零 00"，还有余数 1 064，与商数 346 之间没有空档，余数大于除数，就要补商；在商数 6 加上 1，隔档减去除数 760，第三个商得 7，余数为 304。

（4）本题的商数为 8.47。

二、退商

在除法运算中，如果所估商大于从被除数里不够减商数乘以除数的积数（简称"不够减"），就要把商数减小，这叫做退商。被除数不够减积数，有开始不够减和中途不够减两种情况，现将这两种情况的退商方法分别介绍如下。

（一）开始不够减的退商法

在被除数尚未减积数之前，一开始就发现商大了，即用商数乘以除数首位数，从被除数里不够减其积数，就要把商数退去 1（即减 1）。

简记：开始不够减，商数退 1 珠。

【例 5 - 54】　230.48÷67＝3.44

第一步：定位、置数。

3 位－2 位－1＝0 位

第二步：计算各位商数。

（1）计算第一位商数。

"六除商大 2"，估得商数 4，但未减积数前，就发现"四六 24"不够减，商大了，就要把商数"4"减去 1，变成 3，如图 5 - 12 所示。

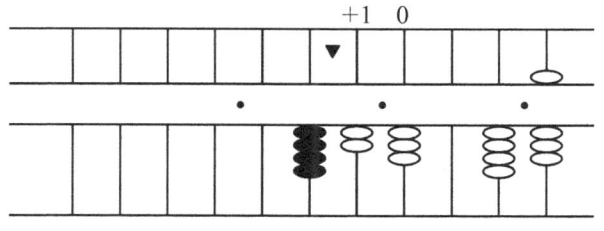

图 5 - 12　计算第一位商数（一）

"三六 18、三七 21",减积后还有余数 2 948,如图 5 - 13 所示。

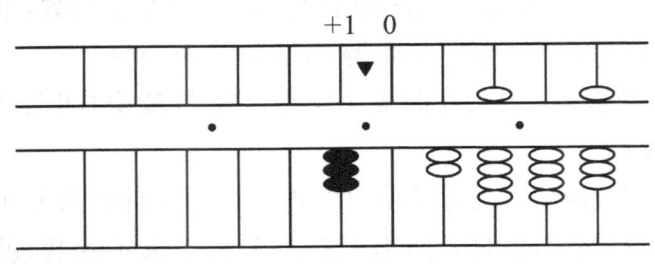

图 5 - 13   计算第一位商数(二)

（2）计算第二位商数。六除商大 2，得商 4，减积"四六 24、四七 28"，还有余数 268，如图 5 - 14 所示。

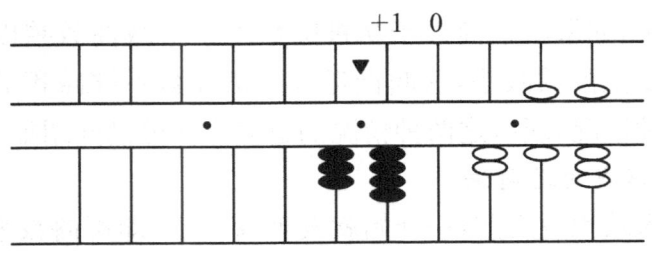

图 5 - 14   计算第二位商数

（3）计算第三位商数。

"六除商大 2，得商 4"，减积"四六 24、四七 28"，无余数，如图 5 - 15 所示。

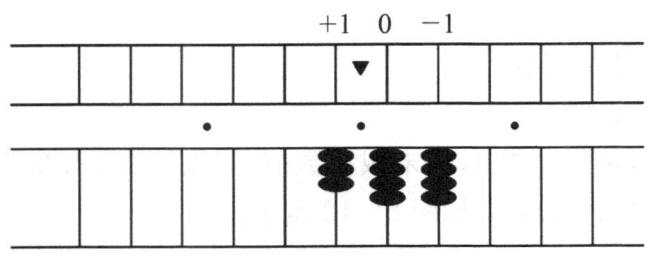

图 5 - 15   计算第三位商数

（4）本题答数为 3.44。

（二）中途不够减的退商法

在乘减过程中，从被除数里已减去部分积数后，才发现所剩余数不够继续减积数，这种情况叫做中途不够减。中途不够减的退商法有以下两种。

1. 普通退商法

规则：退 1 隔还已除数,新商乘减未除数。

（1）退 1 隔还已除数。即从商数中减去 1,并从商数右边隔档起加上除数已除过的数(指已与商数乘减过的数)。

（2）新商乘减未除数。用调整后的新商数去乘除数里尚未与商数乘过的数,并减去其积数。

【例 5 - 55】　2 652÷68＝39

第一步：定位。

4 位－2 位－1＝1 位

第二步：计算各位商数。

（1）计算第一位商数。"六除商大 2",初步估得商 4,乘减"四六 24",剩下 252,乘减"四八 32",不够减,要退商。

A. 除过的数是除数首位数"6",退商就要"退 1 隔还 6"：将商数 4 减去 1,并在右边隔档加上 6,手指点在加 6 的档位,如图 5 - 16 所示。

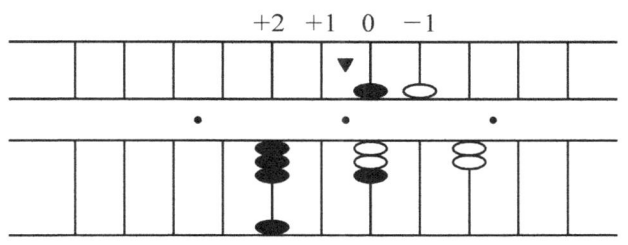

图 5 - 16　计算第一位商数(一)

B. 用调整后的商数 3 乘以除数第二位数 8,从手指所点的档位减积数十位数 2,下一档减十位数 4,得第一位商数 3,还有余数 612,如图 5 - 17 所示。

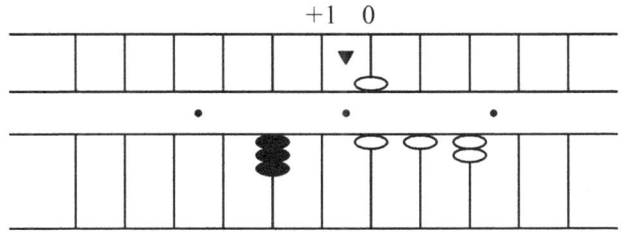

图 5 - 17　计算第一位商数(二)

（2）计算第二位商数(612÷68)。"首同下小挨商 9",乘减后无余数,商数得 39。如图 5 - 18 所示。

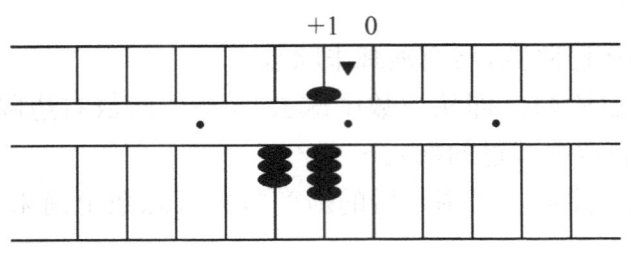

图 5-18　计算第二位商数

【例 5-56】　1 374.54÷186＝7.39

第一步：定位。

4 位－3 位－1＝0 位

第二步：计算各位商数。

(1) 计算第一位商数。"头同下小挨商 9"，初步估得商 9，乘减"九一 09"，再乘减"九八 72"，不够减，要退商。

A. 除过的数是除数首位数"1"，退商就要"退 1 隔还 1"：将商数 9 减去 1，并在右边隔档加上 1，手指点在加 1 的档位。

B. 用调整后的商数 8 乘以除数第二位数 8，乘减"八八 64"，还是不够减，要再退商，方法同上，第一位商是 7，余数 7 254。

(2) 计算第二位商数(7 254÷186)。初步估得商 3，乘减"三一 03、三八 24、三六 18"，余数 1 674。

(3) 计算第三位商数(1 674÷186)。初步估得商 9，乘减"九一 09、九八 72、九六 54"，无余额。

(4) 本题商数为 7.39。

【例 5-57】　5 103.36÷57.6＝88.60

第一步：定位。

4 位－2 位－1＝1 位

第二步：计算各位商数。

(1) 计算第一位商数。"头同下小挨商 9"，初步估得商 9，乘减"九五 45、九七 56、九六 54"，不够减，要退商。乘减过的除数是 57，商退 1，隔位加上 57，再用调整后的商数 8 乘减 6，"八六 48"，余数为 49 531。

(2) 计算第二位商。初步估得商 8，乘减"八五 40、八七 56、八六 48"，余数 3 456。

(3) 计算第三位商。五除商倍，得商 6，乘减"六五 30、六七 42、六六 36"，无余数。

（4）本题商数为 88.60。

【例 5－58】　3 926.54÷45.2≈86.87

第一步：定位。

4 位－2 位－1＝1 位

第二步：计算各位商数。

（1）计算第一位商数。"四除三商 7"，初步估得商 7，乘减"七四 28、七五 35、七二 14"，余数 76 254 大于除数 452，补商 1，隔位减去除数 452，第一位商是 8，余数 31 054。

（2）计算第二位商。"四除三商 7"，初步估得商 7，乘减"七四 28"，再乘减"七五 35"不够减，要退商。乘减过的除数是 4，商退 1，隔位加上 4，再用调整后的商数 6 乘减 5，"六五 30、六二 12"，余数为 3 934。

（3）计算第三位商。"四除三商 7"，初步估得商 7，乘减"七四 28、七五 35、七二 14"，余数 770 大于除数 452，补商 1，隔位减去除数 452，第三位商是 8，余数 318。

（4）计算第三位商。"四除三商 7"，初步估得商 7，乘减"七四 28、七五 35、七二 14"，余数 16（舍去）。

（5）本题商数为 86.87。

【例 5－59】　34 391.23÷876≈39.26

第一步：定位。

5 位－3 位－1＝1 位

第二步：计算各位商数。

（1）计算第一位商数。"八除商大 1"，初步估得商 4，乘减"四八 32"，再乘减"四七 28"不够减，要退商。乘减过的除数是 8，商退 1，隔位加上 8，再用调整后的商数 3 乘减 7，"三七 21、三六 18"，余数为 811 123。

（2）计算第二位商。"八除商大 1"，初步估得商 9，乘减"九八 72、九七 63、九六 54"，余数为 22 723。

（3）计算第三位商。"八除商大 1"，初步估得商 3，乘减"三八 24"，不够减，要退商。商退 1，再用调整后的商数 2 乘减 876，"二八 16、二七 14、二六 12"，余数为 5 203。

（4）计算第四位商。"八除商大 1"，初步估得商 6，乘减"六八 48"，再乘减"六七 42、六六 36"，不够减，要退商。乘减过的除数是 8，商退 1，隔位加上 8，再用调整后的商数 5 乘减 7，"五七 35、五六 30"，余数为 823（五入）。

（5）本题商数为 39.26。

【例 5—60】 5 532.31÷56.7≈97.57

第一步：定位。

4 位－2 位－1＝1 位

第二步：计算各位商数。

（1）计算第一位商数。"头同下小挨商 9"，初步估得商 9，乘减"九五 45、九六 54、九七 63"，余数 42 931。

（2）计算第二位商。"五除商倍"，初步估得商 8，乘减"八五 40"，再乘减"八六 48"，不够减，要退商。商退 1，乘减过的除数是 5，商退 1，隔位加上 5，再用调整后的商数 7 乘减 67，"七六 42、七七 49"，余数为 3 241。

（3）计算第三位商。"五除商倍"，初步估得商 6，乘减"六五 30"，再乘减"六六 36"，不够减，要退商。商退 1，乘减过的除数是 5，商退 1，隔位加上 5，再用调整后的商数 5 乘减 67，"五六 30、五七 35"，余数为 406。

（4）计算第四位商。初步估得商 7，乘减"七五 35、七六 42、七七 49"，余数为 91（舍去）。

（5）本题商数为 97.57。

2. 借 1 退商法

借 1 退商法的步骤如下：

（1）"不够商借 1"。遇到不够减积数时，从商数里借"1"来减（用隔档借位的减法），借了"1"后，就够减了，自始至终，都是以原来商数乘以除数各位数，边乘边减。

（2）"尾 9 前减 1，隔档加除数"。经过乘、减一遍后，紧挨在商数后面必然出现"9"。有时出现一个 9，有时出现两个或三个 9……退商时，要在尾位"9"的前一档减 1，并从其右边隔档起（即尾位 9 的下一档起）加上除数。

（3）"尾 9 变空档，空档前是商"。经过退商加除数后，如果原来尾位 9 所在档位由于进位变成了空档，则空档前面的数是商数，空档后的数是余数。

有时，退一次商后，尾位 9 未成为空档，就按照同样方法再退一次商，退到尾位 9 的档位变成空档为止。

【例 5—61】 463 696÷584＝794

第一步：定位。

6 位－3 位－1＝2 位

第二步：计算各位商数。

（1）计算第一、第二位商数。"五除商倍"，初商得8，八五40，八八64，在减个位数"4"时，不够减。

①"不够商借1"。即从商数8借1来减（隔两档借位），4退1还996，继续用原商数8乘、减后，算盘上的数为7 996 496，如图5-19所示。

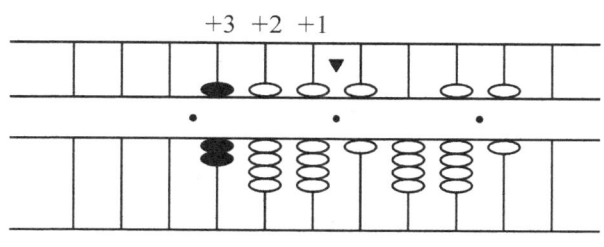

图5-19　计算第一位商数

②"尾9前减1，隔档加除数"。看算盘上的数7 996 496，在商数7后面出现"99"，尾位那个9叫做"尾9"。就在9的前面一档减1，并从其右边隔档起（即尾9的下一档起加上除数584）。

③"尾9变空档，空档前是商"。经过退商加除数后，原来尾位9的档位变成了空档，空档前的商数是79，空档后的余数是2 336，如图5-20所示。

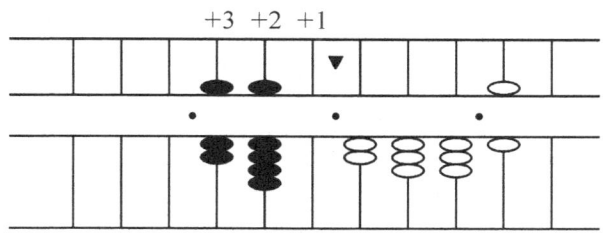

图5-20　计算第二位商数

（2）计算第三位商数。"五除商倍"，估商得4，四五20，四八32，四四16，乘减后无余数，本题商数为794，如图5-21所示。

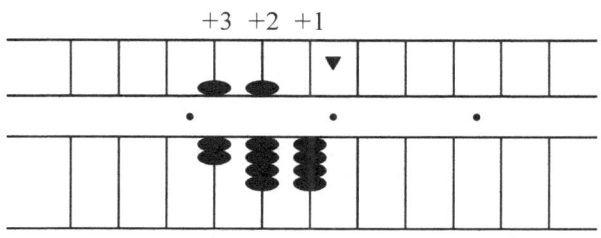

图5-21　计算第三位商数

【例 5 - 62】　32 640 905÷4 673＝6 985

第一步：定位。

8 位－4 位－1＝3 位

第二步：计算各位商数。

（1）计算第一、第二、第三位商数。"四除三商 7"，商数得 7，在乘减到"七七 49"的 9 时，不够减，此时：

A."不够商借 1"，从商数 7 借 1 来减："9 退 1 还 99 991"；继续用原商数 7 乘减后，其盘上的数为 699 929 905，如图 5 - 22 所示。

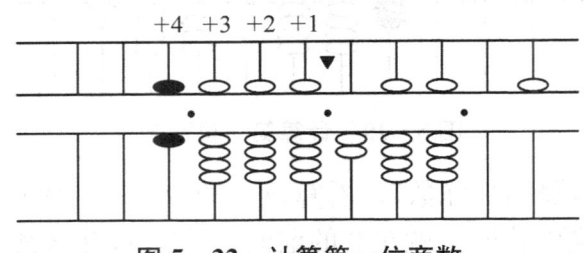

图 5 - 22　计算第一位商数

B."尾 9 前减 1，隔档加除数"。在商数 6 的后面出现"999"，尾位 9 的前一档减 1，并从其右边隔档起加上除数。此时，算盘的数变为 698 976 635，如图 5 - 23 所示。

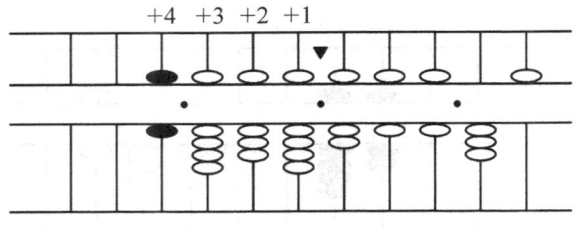

图 5 - 23　计算第二位商数

退一次商后，但尾位 9 未成为空档，就按照同样方法再退一次商，"尾 9 前减 1，隔档加除数 4 673"。退到尾位 9 的档位变成空档为止，空档前的商数是 698，空档后的余数是 23 365，如图 5 - 24 所示。

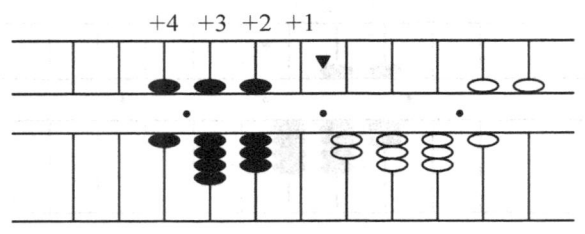

图 5 - 24　计算第三位商数

（2）计算第四位商数。"四除二商 5"，商数得 5，乘减后无余数，本题商数 6 985，如图 5 - 25 所示。

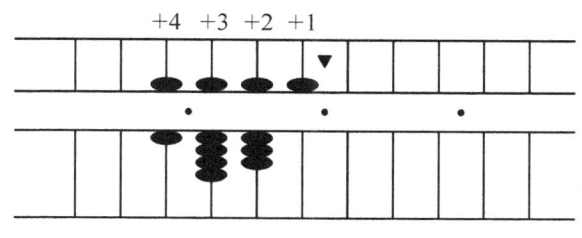

图 5 - 25　计算第四位商数

**练一练**

一、用补商算法计算以下各题。

(1) 34 776÷72

(2) 182 369÷281

(3) 2 649.6÷36

(4) 6 929.16÷438

(5) 6 301.78÷ 64.7

(6) 8 076.9÷ 24.7

(7) 5 590.08÷64.7

(8) 8 214.66÷423

(9) 8 279.31÷923

(10) 5 694.78÷637

(11) 70 372.8÷648

(12) 7 209.48÷82.3

(13) 5 072.04÷648

(14) 5 703.05÷83.5

(15) 2 923.48÷74.2

(16) 5 684.35÷76.3

(17) 84 117.78÷84.6

(18) 3 938.13÷42.3

(19) 59 991.14÷638

(20) 6 440.24÷760

二、用退商算法计算以下各题。

1. 开始不够减的题型。

(1) 230.48÷67

(2) 3 693.42÷ 86.7

(3) 1 535.76÷64.8

(4) 1 138.28÷79.6

(5) 17 919.6÷65.4

(6) 2 075.04÷ 78.6

(7) 96 615÷ 678

(8) 15 771.6÷674

2. 中途不够减的题型。

(1) 331.96÷86

(2) 332.32÷67

(3) 1 017.81÷38.72　　　　　(4) 990.15÷287

(5) 131.4÷180　　　　　　　(6) 22 225.92÷768

(7) 93 622.5÷675　　　　　　(8) 4 501.38÷59.7

(9) 2 832.69÷28.7　　　　　(10) 875.16÷46.8

(11) 33 024÷860　　　　　　(12) 9 272.8÷670

(13) 4 364.97÷876.5　　　　(14) 348 990.26÷498.7

(15) 46 992.48÷507.6　　　　(16) 28 633.25÷478.6

(17) 34 623.4÷578.4　　　　(18) 2 183.45÷364.7

第五节　省　除　法

一、省除法的含义及种类

在实际工作和珠算比赛中,经常遇到很多位数的除法,但商数要求的位数却较少,此时可运用省除法。省除法就是在运算前或运算过程中,舍弃那些对商数准确度不起作用或影响很小的数字。这样既可减少拨珠动作,加快计算速度,还可减少出差错的机会,又能得到比较准确的商数。

省除法有两种,即结合算前定位的省除法和结合公式定位的省除法。这里只介绍结合算前定位的省除法。

二、省除法的运算方法和步骤

省除法的运算方法和步骤如下:

(1) 定好小数点、标准点和压尾档。

省除法的算前定位法,以算盘中部选择一个计位点作为商数小数点,小数点右边的一个计位点作为"标准点"。要求商数准确到第"几"位小数,就以"标准点"右边第"几"档的下一档作为压尾档。要将压尾档的两颗上珠拨靠梁,或在该档拨上 9,以便识别。

在实际计算中,要求商数小数保留 2 位数的,一般以倒数第二个计位点为小数点,以倒数第一个计位点为标准点,以算盘的边为压尾档。要求商数小数保留 4 位数的,一般以倒数第三个计位点为小数点,以倒数第二个计位点为标准点,以算盘的边为压尾档,如图 5-26 所示。

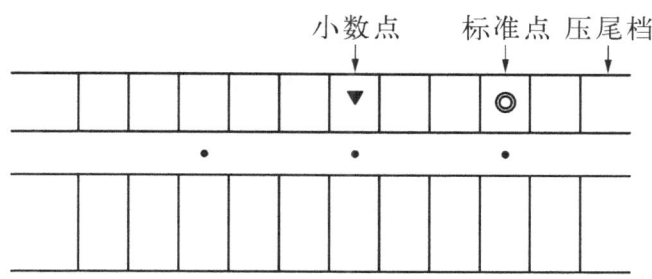

图 5 - 26　定小数点、标准点和压尾档

图 5 - 24 中，"▼"表示小数点；"◎"表示标准点。

（2）按照算前定位法，将被除数拨上算盘，拨到压尾档的前一档为止。

（3）计算每一位商数，减积数时，减到压尾档的前一档为止。

（4）算到规定的精确度位数后，如余数小于除数头两位数的半数，则弃之；如余数大于除数头两位的半数，则在商数尾位数加 1。

【**例 5 - 63**】　$45\,275\,918 \div 74\,832\,416 \approx 0.61$（要求商数准确到第 2 位小数）

第一步：定好压尾档。

题意要求商数准确到第 2 位小数，以倒数第二个计位点为小数点，以倒数第一个计位点为标准点，以算盘的边为压尾档。

第二步：按照算前定位法置数。

（被除数位数 8 位）－（除数位数 8 位）－（1 位）＝（－1 位）

从商数小数点的后一档起把被除数拨到压尾档的前一档为止。即拨上 4 527，如图 5 - 27 所示。

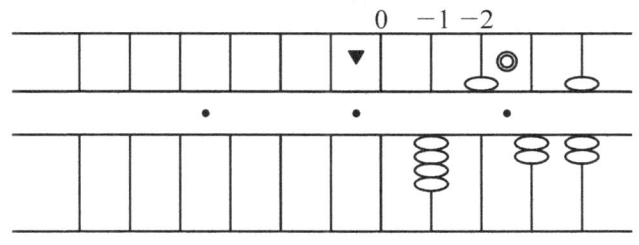

图 5 - 27　按算前定位法置数

第三步：计算各位商数。

计算第一位商数：估商得 6，"六七 42、六四 24、六八 48"，减积至"六三 18"时，"8"落在压尾档，不用减，还有余数 38。由于余数 38 大于除数头两位数 45 的半数，故在商数的尾位数加 1，得本题商数 0.61，如图 5 - 28 所示。

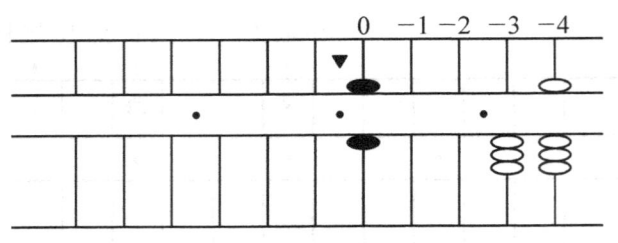

图 5 - 28　计算商数

【例 5 - 64】　55 072.34÷43 765 468.40≈0.001 3（要求商数精确到第 4 位小数）

第一步：定好压尾档。

题意要求商数准确到第 4 位小数，以倒数第三个计位点为小数点，以倒数第二个计位点为标准点，以算盘的边为压尾档。

第二步：按照算前定位法置数。

（被除数位数 5 位）－（除数位数 8 位）－（1 位）＝（－4 位）

从商数小数点的后五档起把被除数拨到压尾档的前一档为止。即拨上5 507，如图 5 - 29 所示。

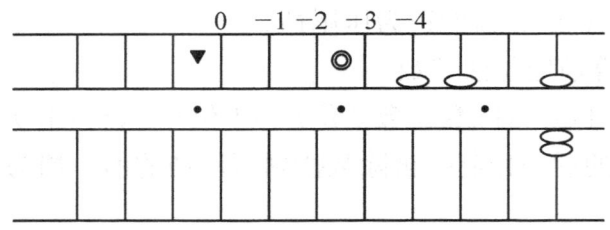

图 5 - 29　按算前定位法置数

第三步：计算各位商数。

（1）计算第一位商数。"大数隔商1，隔档减除数 4 376"，还有余数 1 131，如图5 - 30 所示。

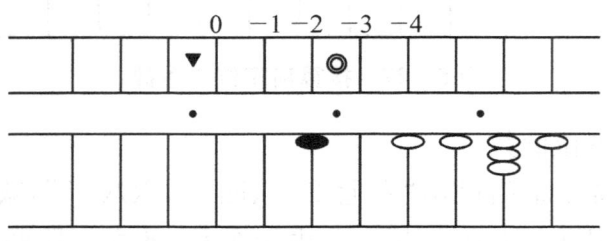

图 5 - 30　计算第一位商数

（2）计算第二位商数。"四除一商 2"，商数得 2，减积至"二六 12"时，"2"落在压尾档，不用减，还有余数 256，如图 5 - 31 所示。

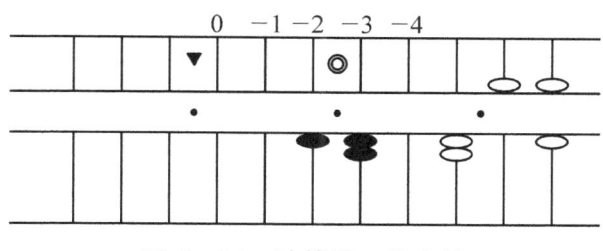

图 5 - 31 计算第二位商数

由于余数"25"大于除数头两位数"43"的半数，故在商数的尾位数加 1，得本题商数 0.001 3。

 练一练

1. 计算以下各题，要求商数保留两位小数，第三位小数四舍五入。

（1）3 148 256÷647 863　　　　　（2）4 276 918÷74 832 416

（3）9 248.57÷478 325　　　　　（4）286 532÷5 278 346

（5）98 465 928÷27 684 352　　　　（6）5 796 273÷3 278 460

（7）274 936 815÷86 175 286　　　　（8）2 874 532.96÷164 875.64

（9）3 748 259.47÷67 987 536.28　　（10）3 468÷5 264

2. 计算以下各题，要求商数保留四位小数，第五位小数四舍五入。

（1）435 678.92÷7 643 825.78　　　（2）65 489.63÷1 792 945.21

（3）24 675 318÷57 900 654　　　　（4）76 843 572÷67 826 940

（5）2 197 077÷234 987 006　　　　（6）78 545 284÷748 329 460

（7）258 482÷78 350 829　　　　　（8）24 356 914÷74 362 974

（9）76 845 760÷2 951 878 294　　　（10）9 627.48÷87 572 840

综 合 练 习

计算以下各题（商数保留小数两位，以下四舍五入）：

（1）2 642÷3　　　　　　　　　（2）1 968÷5

（3）4 392÷7　　　　　　　　　（4）5 733÷9

（5）5 138÷6　　　　　　　　　（6）36 504÷18

(7) 52 041÷8. 3

(8) 17. 802÷4. 6

(9) 20 067. 6÷8. 4

(10) 56 784÷91

(11) 9 594÷26

(12) 39 379÷53

(13) 30 144÷48

(14) 21. 924÷29

(15) 25. 912÷41

(16) 42 573÷617

(17) 21 378÷509

(18) 33 180÷345

(19) 252 816÷916

(20) 390. 32÷83. 9

(21) 0. 949 8÷0. 149

(22) 20. 65÷5. 67

(23) 35 770÷365

(24) 61 128÷849

(25) 32 147÷527

(26) 19. 699 8÷3. 297 6

(27) 21 434 679÷423

(28) 8 146 094÷8 602

(29) 797 839÷2 051

(30) 39 647 712÷416

(31) 475. 085 4÷93. 87

(32) 759 402÷2 058

(33) 1 507 865÷485

(34) 5 668 992÷8 064

(35) 36 718. 96÷5 907

(36) 240. 694 1÷28. 461

(37) 902 456÷214 927

(38) 728 904÷98 042

(39) 419 246. 1÷82 678

(40) 66. 724 56÷0. 714 92

第六章

传票算与账表算

【内容提要】　　本章主要介绍传票算与账表算。传票算与账表算在日常经济工作中运用极其广泛，是珠算技术的重要组成部分，也是考核和竞赛的主要项目，要求重点掌握这两种基本功。

第一节　传　票　算

传票是经济工作的基本功之一，在实际工作中，经常需要计算一叠传票和发票的总金额，传票算也是我国珠算比赛的正式比赛项目。

一、传票规格

我国现行珠算技术比赛使用的传票规格为：长 19 cm，宽 9 cm，每本 100 页，每页有五笔数，在每笔数左边自上而下标有（一）、（二）、（三）、（四）、（五）等中文数码，用以表示第几行，每笔数字最少 4 位，最多 8 位，并均带有两位小数。每张传票的右上角用阿拉伯数字标明该页传票的页码。

【例 6 - 1】　传票样式（见表 6 - 1）。

表 6 - 1　传　票　样　式

（一）	532 782.06	⑥
（二）	450.21	
（三）	79 243.07	
（四）	85.42	
（五）	7 054.56	

此页传票右上角的"6"表示第 6 页,532 782.06 为第一行数,450.21 为第二行数……7 054.56 为第五行数。

二、传票算题型

我国现行传票算采用定时不定量的比赛办法,每场每一计算时段为 10 分钟,每题计算 20 页某行的合计数,共 110 字码。

【例 6 - 2】 传票算题样式(见表 6 - 2)。

表 6 - 2 传票算题样式

序　　号	起讫页数	行	答　　数
一	17～36	(二)	
二	28～47	(三)	
三	69～88	(五)	
四	54～73	(一)	
五	9～28	(四)	

三、传票算的基本功

传票算虽然是一种加法运算,但又不同于一般的加法运算。传票算需要加计的数字分别在各页传票上,而且必须找到题目要求起讫页数并不断翻动传票页,才能将传票上的数字逐一拨入算盘,为此,传票算增加了翻页、找页等动作。所以必须首先要练好翻打传票算的基本功。

1. 翻页方法

传票数字都印在传票右边,所以需要用左手翻动传票,右手打算盘。为了加快翻页速度可将传票捻成扇形,方法是:以左手为轴,右手均匀用力向怀内捻,使传票自然分开、松动,形成传票封面右下角向下突出,封底右上角向上突出,成扇子形状。然后用夹子将传票左上角夹住,使传票保持扇形,便于翻页。

2. 翻页练习

左手的小指、无名指、中指放在传票上,偏左下方,用拇指翻动传票。翻页时,拇指与传票下边近于平行,用拇指突出的指肚部分来翻页,这样减少一次翻动两页、甚至多页的情况出现。当拇指翻动上一页传票后,食指应迅速放在翻上的一页传票下面,食指和中指将翻上的这页传票夹住,使眼睛能看清下一页传票上的数字。

3. 找页练习

由于传票算不是按照传票的自然页数往下运算,而是每一题都有起止页数,每计算一题都需要找页。因此,找页也是一个重要的环节。找页的要求是翻动传票二至三次就能找到要翻到的页数。为此要经常练习手感,也就是要练习用手摸 100 页传票有多厚,90 页传票有多厚……20 页传票有多厚,10 页传票有多厚,经过一段时间的反复练习,做到凭手感一次能翻到 20 页、30 页……90 页,在上述找页的基础上,再熟练找传票题的开始页。练习时,可以任意念一个页码,凭手感翻到其整数页,然后再调整页数找到其起始页。一般只能翻三次传票就要找到默念的页码。

4. 记页的方法

传票算是在 100 页内随便出题,为了避免打过页或打错页。最好是打一页记一页,默记到 20 页。再核对该题的起止页码,如果正确无误,写上答案。记页翻打传票在运算中比较难记住,所以平时要加强训练。

四、翻打传票算的方法

传票算的方法有多种,一般有一次一页打法、一次二页打法、一次三页打法。以下介绍一次一页打法。

一次一页打法,就是翻一页打一页的传票计算方法,它可分为传统打法和来回打法两种。传统打法就是每翻过一页传票后,将所需加计的传票上的某行数字从左到右拨入算盘,这样翻一页加一页,直到加完 20 页为止。

第二节 账 表 算

账表算是会计工作日常结账和汇总数字的重要方法。在一张账表中,数据要进行纵横加总,要求总额轧平。其突出的一个问题就是"准",通过学习练账表算可以培养一丝不苟的工作精神。

一、账表算题型及计分办法

目前,全国标准账表算题,纵向 5 个,横向 20 个,要求纵横轧平,结出总数。每张限时 15 分钟。每张账表纵向五题,每题 14 分,横向 20 题,每题 4 分,纵横均算准计 150 分,轧平再加 50 分算平一张账表共计 200 分,要求按顺序算题,前表不打完,后表不计分。账表算一般都是从纵向 5 题做起，做完后，再做横向 20 题，"准"是账表算的关键，只有准才能得高分，因为不管纵向还是横向，只要有一题错了，就轧不平。

【例 6 - 3】　账表算题样式（见表 6 - 3）。

表 6 - 3　账表算题样式

题号 / 行数	（一）	（二）	（三）	（四）	（五）	合　计
一	73 981 598	6 746	96 074	952 638	8 130 975	
二	6 320 631	65 780 341	5 602	24 741	953 804	
三	798 074	8 032 195	83 106 527	3 613	62 034	
四	14 862	804 769	4 329 184	79 064 357	7 295	
五	5 261	89 173	930 258	7 241 981	81 084 613	
六	81 049 706	7 540	83 492	－846 605	7 938 976	
七	9 504 852	39 160 872	1 785	50 319	－501 432	
八	859 450	6 809 251	76 819 527	9 426	71 625	
九	80 325	837 405	6 031 791	58 102 094	7 292	
十	6 814	19 254	769 014	9 085 172	92 713 168	
十一	95 415 267	3 175	41 306	－297 842	9 046 853	
十二	3 509 341	84 296 762	5 183	71 502	573 618	
十三	196 024	7 309 218	92 384 726	8 973	81 964	
十四	82 537	945 390	9 503 412	85 306 729	8 542	
十五	8 946	36 082	659 811	6 859 432	85 130 129	
十六	53 071 234	1 571	90 483	760 731	4 508 764	
十七	7 942 356	98 065 432	8 736	52 043	937 026	
十八	617 208	5 320 816	70 146 517	6 175	－46 584	
十九	24 093	17 625	4 362 759	91 824 637	70 192 453	
二十	5 718	794 486	358 402	8 231 054	7 306	
合计						

二、账表算的方法

（一）账表纵向题打法

为了提高计算速度,纵向题采用"一目二行、三行"或一目五行加减法进行计算。

（二）账表横向题打法

1. 一目一行打法

横向题计算时,可采用传票中的穿梭叠加打法。

2. 一目二行、三行打法

在熟练掌握了一目一行打法的基础上,可一次心算横行相邻两数同数位上对应数字之和,将其和一次拨入算盘内。

综 合 练 习

（一）账表算

1.

序号	一	二	三	四	五	合 计
一	8 069	57 828	2 458 626	239 747	69 247 058	
二	27 290 354	7 843 604	26 987	6 502	890 743	
三	73 062	654 982	4 232	76 598 478	9 672 508	
四	7 092 435	86 793 465	301 874	26 259	6 243	
五	547 628	5 273	28 947 062	7 309 684	37 895	
六	68 743	4 892 506	6 758	95 764 023	−968 724	
七	5 962	93 670 872	85 068	−820 417	8 427 950	
八	728 537	293 405	94 672 785	86 930	5 447	
九	475 980	67 683	2 849 430	2 476	60 827 589	
十	35 806 474	2 056	223 489	9 867 205	96 314	
十一	92 674 068	9 754 832	459 723	30 846	7 506	
十二	2 457	81 460	5 637 978	−678 269	24 905 781	
十三	8 345 620	407 627	9 023	47 590 768	37 856	
十四	908 874	57 692 064	60 597	8 523	4 869 432	
十五	47 896	6 729	30 547 621	6 539 874	782 085	

(续表)

序号	一	二	三	四	五	合 计
十六	6 785	789 640	8 204 579	90 248 235	56 274	
十七	9 374 086	28 574 289	79 206	5 784	−437 560	
十八	809 564	82 057	3 574	3 768 920	23 695 427	
十九	20 715 689	3 647 978	584 286	50 746	2 809	
二十	29 743	8 567	78 026 495	467 032	2 908 842	
合计						

2.

序号	一	二	三	四	五	合 计
一	28 659	576 349	6 489	25 738 647	3 429 706	
二	42 980 876	2 748 506	95 362	−5 709	230 648	
三	764 594	7 948	48 362 059	2 808 546	82 407	
四	2 039 487	20 738 567	804 726	45 978	5 968	
五	8 953	27 896	4 674 590	938 462	53 962 072	
六	52 648	6 839 705	5 272	37 246 698	−357 924	
七	627 340	52 478	9 163 480	9 645	50 982 743	
八	87 105 624	9 075	948 643	3 752 907	35 846	
九	7 359	38 520 249	67 058	890 642	2 642 370	
十	4 902 782	938 607	36 549 247	25 380	7 642	
十一	39 426 054	3 276 284	678 894	80 765	2 705	
十二	301 824	72 489 056	50 732	2 798	6 453 489	
十三	2 867 590	602 394	3 098	64 730 256	84 675	
十四	9 672	84 650	7 584 327	521 903	96 307 284	
十五	62 435	5 493	80 762 594	−4 783 726	289 047	

（续表）

序号	一	二	三	四	五	合　计
十六	5 287	423 560	2 904 723	30 467 987	75 926	
十七	90 247 573	8 562 347	716 985	70 264	9 703	
十八	103 746	29 072	8 726	8 457 390	48 587 692	
十九	3 846 045	477 726 983	23 905	7 264	−684 750	
二十	93 468	2 752	27 045 637	652 089	4 302 869	
合　计						

（二）传票算

26—45（一）	1—25（二）	21—40（三）	51—70（四）	81—100（五）
2 586	635	746	25 306	7 421
351	1 562	47 089	9 012	15 687
68 011	7 210	8 401	63 456	6 145
5 236	865	951 371	9 785	69 435
4 023	58 025	36 082	104 283	2 078
152	5 016	3 412	6 451	3 824
82 437	643	76 019	23	51 365
2 078	105 753	92	85 018	72 618
546 729	2 058	175	6 181	83
6 253	7 156	25 731	94 186	158
25 482	52 273	1 851	12 789	4 028
75 351	642	527	1 267	7 439
624	754	5 489	25 433	6 273
1 782	3 146	24 637	7 583	14 056
9 073	23	1 003	42 182	6 024
264 308	21 034	813	5 054	385
1 258	251	9 571	85 246	6 042
52	6 041	71 462	956 025	14 557
924	183 427	92	3 107	24
＋8 165	＋3 571	＋7 564	＋54 019	＋586

综合练习答案

第一章　珠算基础知识

一、

1. ￥653 461.00　**2.** ￥7 050 000.00　**3.** ￥2 450 134.03　**4.** ￥960 007.5　**5.** ￥1 235 460.00
6. ￥90.00　**7.** ￥8 040.53　**8.** ￥304.06　**9.** ￥250 340.08　**10.** ￥830 000.06

二、

1. 人民币柒仟捌佰贰拾肆元整　**2.** 人民币伍佰万零柒仟零贰拾捌元壹角捌分　**3.** 人民币肆仟柒佰陆拾元零叁角整　**4.** 人民币玖亿伍仟零叁万贰仟壹佰壹拾捌元整　**5.** 人民币肆亿贰仟零叁拾捌万玖仟零肆拾叁元零玖分　**6.** 人民币叁拾捌万玖仟伍佰肆拾捌元陆角
7. 人民币贰仟壹佰柒拾伍元零陆分　**8.** 人民币捌拾肆万零柒元整　**9.** 人民币伍拾陆万元零肆角叁分　**10.** 人民币壹仟捌佰零肆万零柒佰零贰元零柒分

第二章　珠算加减法

1. 674 918.00　**2.** 1 578 977.00　**3.** 406 538.00　**4.** 769 980.00　**5.** 404 779.00
6. 10 364.66　**7.** 3 407.47　**8.** 2 826.57　**9.** 8 575.26　**10.** 9 992.84　**11.** 8 158 224.00
12. 11 014 523.00　**13.** 8 724 975.00　**14.** 8 328 485.00　**15.** 10 237 270.00　**16.** 111 956.23
17. 69 850.38　**18.** 67 561.80　**19.** 120 741.82　**20.** 110 426.92　**21.** 911 272.00
22. 653 403.00　**23.** 666 219.00　**24.** 325 206.00　**25.** 813 962.00　**26.** 7 190.71
27. 4 192.93　**28.** 5 281.28　**29.** 3 103.06　**30.** 8 479.58　**31.** －58 071　**32.** －29 513
33. －99 317　**34.** －53 293　**35.** 633 434　**36.** 888 882　**37.** 33 751.94　**38.** 45 689.65
39. 29 988.47　**40.** 53 180.00

第三章　加减法运算技巧

一、

1. 26 159　**2.** 24 116　**3.** 23 953　**4.** 196 024　**5.** 1 407 308　**6.** 821 379　**7.** 518 198
8. 72 621

二、

1. 260 394　**2.** 183 549　**3.** 447 577　**4.** 370 192　**5.** 146 554　**6.** 416 411　**7.** 446 874
8. 1 014 502

第四章　珠算乘法

1. 568.56　**2.** 23.36　**3.** 331.62　**4.** 10.71　**5.** 292.88　**6.** 406 178.00　**7.** 457 595.00
8. 205 096.00　**9.** 259 105.00　**10.** 79 594.00　**11.** 694.69　**12.** 358 838.00　**13.** 5 082.86
14. 1 646.34　**15.** 581.26　**16.** 2 293.68　**17.** 82.61　**18.** 247 032.00　**19.** 356 832.00
20. 240 530.00　**21.** 343 706.00　**22.** 612 892.00　**23.** 38 092.00　**24.** 1 036 479.00
25. 135 010.00　**26.** 16 289.19　**27.** 569.49　**28.** 819 750.00　**29.** 38.24　**30.** 6 568.74
31. 15 612.90　**32.** 6 954.76　**33.** 2 762.47　**34.** 7 940.39　**35.** 22 767.18　**36.** 21.65
37. 325.45　**38.** 26.46　**39.** 150.55　**40.** 436.06

第五章　珠算除法

1. 880.67　**2.** 393.60　**3.** 627.43　**4.** 637.00　**5.** 856.33　**6.** 2 028.00　**7.** 6 270.00
8. 3.87　**9.** 2 389.00　**10.** 624.00　**11.** 369.00　**12.** 743.00　**13.** 628.00　**14.** 0.76
15. 0.63　**16.** 69.00　**17.** 42.00　**18.** 96.17　**19.** 276.00　**20.** 4.65　**21.** 6.37　**22.** 3.64
23. 98.00　**24.** 72.00　**25.** 61.00　**26.** 5.97　**27.** 50 673.00　**28.** 947.00　**29.** 389.00
30. 95 307.00　**31.** 5.06　**32.** 369.00　**33.** 3 109.00　**34.** 703.00　**35.** 6.22　**36.** 8.46
37. 4.20　**38.** 7.43　**39.** 5.07　**40.** 93.33

第六章　传票算与账表算

(一)

1.

序 号	一	二	三	四	五	合 计
一	8 069	57 828	2 458 626	239 747	69 247 058	72 011 328
二	27 290 354	7 843 604	26 987	6 502	890 743	36 058 190
三	73 062	654 982	4 232	76 598 478	9 672 508	87 003 262
四	7 092 435	86 793 465	301 874	26 259	6 243	94 220 276
五	547 628	5 273	28 947 062	7 309 684	37 895	36 847 542
六	68 743	4 892 506	6 758	95 764 023	−968 724	99 763 306
七	5 962	93 670 872	85 068	−820 417	8 427 950	101 369 435
八	728 537	293 405	94 672 785	86 930	5 447	95 787 104
九	475 980	67 683	2 849 430	2 476	60 827 589	64 223 158
十	35 806 474	2 056	223 489	9 867 205	96 314	45 995 538

（续表）

序号	一	二	三	四	五	合 计
十一	92 674 068	9 754 832	459 723	30 846	7 506	102 926 975
十二	2 457	81 460	5 637 978	−678 269	24 905 781	29 949 407
十三	8 345 620	407 627	9 023	47 590 768	37 856	56 390 894
十四	908 874	57 692 064	60 597	8 523	4 869 432	63 539 490
十五	47 896	6 729	30 547 621	6 539 874	782 085	37 924 205
十六	6 785	789 640	8 204 579	90 248 235	56 274	99 305 513
十七	9 374 086	28 574 289	79 206	5 784	−437 560	37 595 805
十八	809 564	82 057	3 574	3 768 920	23 695 427	28 359 542
十九	20 715 689	3 647 978	584 286	50 746	2 809	25 001 508
二十	29 743	8 567	78 026 495	467 032	2 908 842	81 440 679
合计	205 012 026	295 326 917	253 189 393	337 113 346	205 071 475	1 295 713 157

2.

序号	一	二	三	四	五	合 计
一	28 659	576 349	6 489	25 738 647	3 429 706	29 779 850
二	42 980 876	2 748 506	95 362	−5 709	230 648	46 049 683
三	764 594	7 948	48 362 059	2 808 546	82 407	52 025 554
四	2 039 487	20 738 567	804 726	45 978	5 968	23 634 726
五	8 953	27 896	4 674 590	938 462	53 962 072	59 611 973
六	52 648	6 839 705	5 272	37 246 698	−357 924	43 786 399
七	627 340	52 478	9 163 480	9 645	50 982 743	60 835 686
八	87 105 624	9 075	948 643	3 752 907	35 846	91 852 095
九	7 359	38 520 249	67 058	890 642	2 642 370	42 127 678
十	4 902 782	938 607	36 549 247	25 380	7 642	42 423 658
十一	39 426 054	3 276 284	678 894	80 765	2 705	43 464 702
十二	301 824	72 489 056	50 732	2 798	6 453 489	79 297 899
十三	2 867 590	602 394	3 098	64 730 256	84 675	68 288 013
十四	9 672	84 650	7 584 327	521 903	96 307 284	104 507 836
十五	62 435	5 493	80 762 594	−4 783 726	289 047	76 335 843
十六	5 287	423 560	2 904 723	30 467 987	75 926	33 877 483
十七	90 247 573	8 562 347	716 985	70 264	9 703	99 606 872
十八	103 746	29 072	8 726	8 457 390	48 587 692	57 186 626
十九	3 846 045	477 726 983	23 905	7 264	−684 750	480 919 447
二十	93 468	2 752	27 045 637	652 089	4 302 869	32 096 815
合计	275 482 016	633 661 971	220 456 547	171 658 186	266 450 118	1 567 708 838

（二）**1.** 1 104 875　**2.** 460 085　**3.** 1 272 127　**4.** 1 596 406　**5.** 288 228

附录

全国珠算技术等级鉴定模拟题

一、珠算鉴定题的类型

全国珠算技术等级标准分为两大类十二级，即能手级类六级和普通级类六级。

二、珠算级别的确定

1. 能手级

能手级的鉴定题定为一套题。按完成正确题数分别确定六个级别。其确定标准如下：

加减题正确 8 题，乘除题各正确 10 题，达到能手六级；

加减题正确 10 题，乘除题各正确 11 题，达到能手五级；

加减题正确 12 题，乘除题各正确 12 题，达到能手四级；

加减题正确 14 题，乘除题各正确 14 题，达到能手三级；

加减题正确 16 题，乘除题各正确 16 题，达到能手二级；

加减题正确 18 题，乘除题各正确 18 题，达到能手一级。

2. 普通级

普通级的鉴定题有两种方法：一种方法是六套题分别鉴定六个级别；另一种方法是两套题鉴定六个级别，即普通一级的试题鉴定 1～3 级，普通四级的试题鉴定 4～6 级。其确定标准如下：

（1）采用普通一级题鉴定 1～3 级时：

加减乘除题各正确 9 题，达到普一级；

加减乘除题各正确 8 题，达到普二级；

加减乘除题各正确 6 题，达到普三级。

（2）采用普通四级题鉴定 4～6 级时：

加减乘除题各正确 8 题,达到普四级;

加减乘除题各正确 7 题,达到普五级;

加减乘除题各正确 6 题,达到普六级。

全国珠算技术等级鉴定
普通四级模拟题

模拟题一（限时 20 分钟）

一、加减算：

（一）	（二）	（三）	（四）	（五）
4 398	56 324	5 014	802	734 628
501	409	727	594 137	−905
96 257	8 217	891	−493	8 412
486	970	31 407	8 326	1 673
2 108	5 186	345	−56 014	259
371	642	9 526	7 248	−62 834
709 243	709 435	834	−506	9 057
569	513	1 087	−19 325	179
6 102	4 391	615 027	637	365 091
87 435	60 278	9 736	8 176	−408
874	893	508	572 069	7 142
2 019	5 017	92 461	106	536
370 965	2 586	739	1 824	−4 873
713	934	5 248	493	605
5 624	718 062	601	−5 701	−12 908

（续表）

一、加减算：

（六）	（七）	（八）	（九）	（十）
6 158	837	4 381	24 703	519 673
394	5 149	57 039	617	−4 207
8 704	6 582	2 406	76 498	951
482	431	897	842	−9 175
803 215	961 304	519 024	−1 803	804
6 701	2 015	752	937 106	4 026
27 519	702	1 043	−5 732	926 083
852	57 369	367	254	354
109 763	904	726 598	−7 109	−72 846
571	8 261	8 301	831	3 219
18 904	783 195	574	−6 059	−681
3 467	4 607	2 869	814	−47 802
936	873	15 408	629 035	715
4 609	90 258	928	−8 549	−3 967
523	426	631	256	508

二、乘算（保留小数两位，以下四舍五入）：	三、除算（保留小数两位，以下四舍五入）：
1. 18×9 054＝	1. 40 061÷413＝
2. 59×1 374＝	2. 55 803÷627＝
3. 41×7 523＝	3. 16 957÷31＝
4. 7 401×89＝	4. 2 912÷28＝
5. 9 578×36＝	5. 14 640÷305＝
6. 26.3×1.08＝	6. 67 744÷73＝
7. 307×249＝	7. 947.379÷927＝
8. 8 756×638＝	8. 93.7÷50.48＝
9. 0.952×1 086＝	9. 32.732 02÷4.38＝
10. 3 024×956＝	10. 218 834÷536＝

模拟题二（限时 20 分钟）

一、加减算：

（一）	（二）	（三）	（四）	（五）
819	1 703	763 298	1 536	9 734
9 307	451 789	7 351	−608	−789
961	76 934	758	24 706	694 817
4 103	659	6 132	−5 917	7 392
65 428	8 039	164	306 581	861
1 832	405	9 064	243	8 234
947	2 431	352 084	9 518	−51 936
746 092	218	453	−791	7 852
825	914 682	4 879	3 756	−601
8 753	707	860	429	410 792
58 062	2 601	29 041	−78 204	125
374 651	568	601	425	−4 035
906	2 953	9 352	428 390	286
4 753	35 702	71 208	8 931	−61 405
201	674	597	−806	315

（六）	（七）	（八）	（九）	（十）
6 039	74 081	829	8 197	37 802
83 659	571	3 501	71 923	769
109	12 638	519 874	−482	1 854
215 403	402	183	2 465	−153
621	4 897	8 651	301	2 196
1 367	854	496	7 356	−134
468	3 926	7 935	15 734	8 279
3 518	654	764	−746	518 793
478	3 917	3 927	548 679	−162
9 508	697 108	70 521	−3 209	4 592
76 824	8 362	431	124	820 643
590 417	230 461	60 324	−298 103	−35 067
293	965	9 648	853	704
4 712	2 596	281 056	−6 485	−6 834
752	351	724	906	965

（续表）

二、乘算（保留小数两位，以下四舍五入）：	三、除算（保留小数两位，以下四舍五入）：
1. $965 \times 173 =$	1. $12\ 483 \div 219 =$
2. $108 \times 294 =$	2. $9\ 261 \div 147 =$
3. $3\ 982 \times 52 =$	3. $25\ 056 \div 72 =$
4. $4\ 176 \times 24 =$	4. $1\ 760 \div 54 =$
5. $96 \times 7\ 034 =$	5. $7\ 848 \div 436 =$
6. $0.520\ 7 \times 60.5 =$	6. $10\ 838 \div 69 =$
7. $34 \times 9\ 179 =$	7. $45.257\ 4 \div 16.4 =$
8. $7\ 014 \times 186 =$	8. $5.549\ 91 \div 0.605 =$
9. $86.4 \times 0.159\ 8 =$	9. $10\ 833 \div 69 =$
10. $65 \times 2\ 072 =$	10. $586\ 440 \div 648 =$

模拟题三（限时 20 分钟）

一、加减算：

（一）	（二）	（三）	（四）	（五）
256 748	705 683	172	5 016	6 519
4 158	836	260 718	−829	−905
693	47 982	89	6 731	4 029
965 142	568 792	5 478	230 495	−151
39 164	601	731	921	143 729
175	2 473	7 942	−48 029	891
5 032	214	42 356	763 495	−48 631
873	3 402	6 041	−498	471
5 904	937	506	1 267	−5 897
239	90 537	30 192	985	268 493
7 023	6 508	539	−86 017	527
871	29	5 089	305	−1 563
62 048	6 149	983 162	4 317	803
176	105	485	832	32 674
6 089	8 451	7 603	−5 604	7 286

（六）	（七）	（八）	（九）	（十）
705	136	615	5 342	546
79 864	7 093	9 062	370 958	9 806
7 384	284	28 547	−138	459
209	1 856	205	6 734	628 143
9 785	109	7 289	−50 687	−2 589
396	8 472	607	418	201
468 512	32 741	1 043	8 516	8 074
645	986	379	−809	−56 139
3 083	6 294	924 375	9 704	2 037
842 563	82 615	496	−765	−401
13 069	7 035	2 536	236 951	613 789
712	297	501	7 624	−357
3 915	485 601	831 674	426	74 062
107	305	5 738	−93 012	−1 735
5 412	570 943	1 894	921	289

（续表）

二、乘算（保留小数两位，以下四舍五入）：	三、除算（保留小数两位，以下四舍五入）：
1. 97×7 082＝	1. 60 152÷73＝
2. 2 068×19＝	2. 25 192÷94＝
3. 836×952＝	3. 59 142÷803＝
4. 2 507×403＝	4. 9 750÷375＝
5. 0. 34×17. 34＝	5. 7 875÷21＝
6. 91×5 869＝	6. 49 704÷456＝
7. 5 081×62＝	7. 8. 487 1÷2. 79＝
8. 9. 461×75＝	8. 15. 480 8÷4. 28＝
9. 3. 42×90. 82＝	9. 7 854÷462＝
10. 725×364＝	10. 158 508÷518＝

模拟题四（限时 20 分钟）

一、加减算：

（一）	（二）	（三）	（四）	（五）
5 302	305 687	6 041	6 015	9 516
873	937	506	−829	−509
5 904	90 375	30 921	7 631	4 029
651 429	6 508	539	204 953	−151
39 164	129	8 509	921	137 249
175	2 473	924	−28 049	891
567 248	142	42 356	763 495	−48 631
4 158	3 402	712	−498	471
693	836	267 108	7 261	−5 897
392	47 982	896	985	682 493
7 023	687 592	5 478	−86 017	527
871	601	731	305	−1 563
62 048	1 496	983 162	4 317	803
167	105	485	832	32 674
8 069	4 518	6 703	−6 045	2 867

（六）	（七）	（八）	（九）	（十）
705	316	615	5 342	628 143
98 764	82 615	9 062	369 512	9 068
3 083	7 035	496	−138	459
482 563	297	5 362	6 734	465
13 069	485 601	501	−56 807	−2 589
712	8 724	831 674	418	201
468 512	32 741	4 103	8 516	8 074
456	869	379	−809	−51 396
7 384	2 694	924 375	9 704	2 037
209	7 903	85 247	−765	−401
7 895	284	205	370 958	613 789
396	1 856	7 892	7 246	−573
3 915	109	607	426	74 062
107	305	5 738	−93 012	−1 735
4 152	509 437	8 941	921	892

（续表）

二、乘算（保留小数两位，以下四舍五入）：	三、除算（保留小数两位，以下四舍五入）：
1. 91×85 169＝	1. 61 128÷849＝
2. 5 801×62＝	2. 40 751÷53＝
3. 836×529＝	3. 5 542÷17＝
4. 2 075×403＝	4. 35 770÷365＝
5. 0.43×15.34＝	5. 32 147÷527＝
6. 97×8 027＝	6. 231 874÷607＝
7. 2 068×91＝	7. 113.528 1÷41.9＝
8. 257×364＝	8. 204.7÷3.59＝
9. 3.42×90.82＝	9. 0.830 42÷0.605＝
10. 9.461 4×57＝	10. 98 596÷157＝

模拟题五（限时 20 分钟）

一、加减算：

（一）	（二）	（三）	（四）	（五）
65 428	914 682	601	1 536	694 817
9 307	451 789	7 351	−608	−897
916	76 934	758	24 706	9 734
4 103	659	1 632	−5 179	7 392
198	8 039	641	306 581	861
1 832	405	9 064	243	8 234
947	43 125	352 084	9 518	−19 365
760 924	218	453	−791	7 852
825	1 703	8 794	3 756	−601
8 753	797	860	429	410 792
58 062	2 601	29 041	−78 204	125
746 513	685	763 298	425	−4 035
906	2 953	3 529	823 904	286
7 453	35 702	71 208	8 931	−61 405
201	746	597	−806	153

（六）	（七）	（八）	（九）	（十）
4 712	3 917	60 324	8 971	78 023
752	697 108	9 648	79 231	796
109	8 362	281 056	−482	820 643
15 403	402	724	2 465	−153
621	8 974	8 651	301	2 196
1 367	854	496	7 356	−134
684	3 926	7 935	15 734	8 279
3 518	654	647	−476	518 793
478	74 081	3 927	548 679	−162
9 508	715	70 521	−3 209	4 592
76 824	12 638	431	124	1 854
590 417	230 461	829	−298 103	−35 067
293	965	3 501	853	704
6 039	2 596	519 874	−6 485	−6 834
83 659	351	183	906	965

（续表）

二、乘算（保留小数两位，以下四舍五入）：	三、除算（保留小数两位，以下四舍五入）：
1. $0.2075 \times 60.5 =$	1. $37\,490 \div 46 =$
2. $801 \times 294 =$	2. $23\,613 \div 51 =$
3. $3\,829 \times 52 =$	3. $23\,858 \div 302 =$
4. $7\,146 \times 42 =$	4. $44\,526 \div 543 =$
5. $96 \times 7\,304 =$	5. $15\,742 \div 17 =$
6. $659 \times 713 =$	6. $110\,825 \div 403 =$
7. $34 \times 7\,919 =$	7. $49.806 \div 6.04 =$
8. $7\,041 \times 861 =$	8. $65.308 \div 7.15 =$
9. $46.8 \times 0.1958 =$	9. $21\,762 \div 806 =$
10. $65 \times 2\,027 =$	10. $506\,215 \div 739 =$

模拟题六（限时 20 分钟）

一、加减算：

（一）	（二）	（三）	（四）	（五）
91 634	306 875	34 256	249 053	682 493
175	3 402	712	−289	−509
567 248	836	267 108	7 631	4 209
651 429	79 824	849	6 105	−151
3 025	687 592	8 095	921	172 493
873	2 473	392	−28 049	891
5 904	421	6 401	734 956	−46 318
4 158	937	506	−948	471
62 048	50 379	39 201	7 261	−5 978
167	6 508	539	985	9 516
2 703	329	5 478	−60 817	275
871	601	731	305	−1 563
936	1 496	831 629	4 317	803
392	105	485	382	36 742
6 809	5 184	7 036	−4 065	2 867

（六）	（七）	（八）	（九）	（十）
7 384	163	4 103	3 425	826 143
209	509 437	379	693 512	−2 589
8 795	305	243 759	−381	459
396	109	5 362	6 734	654
3 915	485 601	501	−68 057	9 068
721	9 037	831 674	418	201
468 512	284	615	5 168	8 074
465	8 561	9 062	−809	−13 596
705	2 694	496	9 047	2 037
87 964	8 724	5 362	−765	−401
3 083	32 741	205	370 958	637 189
425 638	896	8 927	6 247	−573
13 069	82 615	607	426	74 062
107	3 705	7 385	−93 012	−1 357
1 524	297	9 418	912	829

（续表）

二、乘算（保留小数两位，以下四舍五入）：	三、除算（保留小数两位，以下四舍五入）：
1. 396×682＝	1. 18 088÷38＝
2. 0.183×0.207 1＝	2. 3 672÷34＝
3. 79×13.48＝	3. 67 876÷956＝
4. 24×5 901＝	4. 8 322÷219＝
5. 4 827×74＝	5. 54 432÷56＝
6. 6 837×82＝	6. 328 029÷507＝
7. 92.41×0.91＝	7. 3.948 6÷3.68＝
8. 8 675×386＝	8. 51.814 9÷5.74＝
9. 53×4 329＝	9. 7 310÷215＝
10. 196×904＝	10. 89 352÷408＝

模拟题七(限时 20 分钟)

一、加减算:

(一)	(二)	(三)	(四)	(五)
591 367	452	8 957	67 125	956 840
3 091	3 706	406	−913	−712
253	269 051	630 289	−405	3 064
6 708	817	5 342	9 374	−8 395
942	9 508	107	605 248	671
782 463	943	17 068	8 529	84 056
305	786	9 453	−716	2 179
10 529	4 139	892	20 436	391
4 786	72 643	302 876	748	−587 213
812	5 328	604	9 287	402
8 407	418 075	5 431	−368	−9 364
195	901	719	109	758
86 734	5 546	92 108	3 295	6 095
2 019	683	834	−605	−827
645	97 210	7 652	2 816	34 102

(六)	(七)	(八)	(九)	(十)
5 263	257	47 258	720 513	52 863
147	4 136	631	648	−417
358 092	18 092	9 302	−43 921	8 209
6 417	3 754	861 475	675	413
90 281	698	903	−8 019	−75 629
435	46 031	4 215	2 743	803
607 981	7 258	697	583	−4 165
253	903	802 513	−9 201	718
8 476	674 152	468	25 485	−3 902
3 902	829	9 017	−792	465
415	5 103	425	4 031	790 281
6 287	647	6 738	705 296	3 546
931	18 902	19 302	789	37 809
95 246	689	658	−3 801	−154
708	4 075	7 049	465	796

（续表）

二、乘算（保留小数两位，以下四舍五入）：	三、除算（保留小数两位，以下四舍五入）：
1. $1\,075 \times 69 =$	1. $45\,588 \div 524 =$
2. $6\,194 \times 73 =$	2. $67\,158 \div 738 =$
3. $64 \times 5\,983 =$	3. $27\,636 \div 42 =$
4. $42 \times 9\,501 =$	4. $8\,385 \div 39 =$
5. $3\,196 \times 74 =$	5. $24\,544 \div 416 =$
6. $9.38 \times 70.1 =$	6. $4\,326 \div 14 =$
7. $29.41 \times 0.19 =$	7. $5.219\,67 \div 3.08 =$
8. $546 \times 8\,903 =$	8. $1.794\,406 \div 0.549 =$
9. $1\,459 \times 268 =$	9. $312\,268 \div 604 =$
10. $394 \times 268 =$	10. $259\,076 \div 956 =$

模拟题八（限时 20 分钟）

一、加减算：

（一）	（二）	（三）	（四）	（五）
760 924	43 125	453	5 361	948 176
825	218	8 794	−806	−978
8 753	69 347	860	24 706	9 734
4 103	659	20 419	−1 795	3 927
198	8 039	641	306 581	861
1 328	405	9 064	243	8 234
947	146 829	320 845	5 189	−19 365
65 428	451 789	601	−917	7 852
9 307	1 703	7 351	3 756	−601
169	797	758	429	407 921
58 062	6 012	1 326	−82 704	125
746 513	685	763 298	425	−4 053
906	2 953	3 529	823 904	286
7 453	35 702	71 208	9 318	−61 405
102	746	579	−806	531

（六）	（七）	（八）	（九）	（十）
76 824	854	314	9 718	78 023
590 417	3 926	829	92 317	796
293	654	3 501	−482	820 643
6 039	40 817	519 874	2 465	−153
83 659	8 974	183	301	2 196
3 671	3 917	496	7 356	−314
684	971 086	7 935	15 734	8 279
3 518	8 362	476	−764	851 793
487	402	3 927	548 679	−162
9 508	715	75 021	−3 209	4 592
4 712	16 382	60 324	124	1 854
752	230 461	9 648	−281 038	−50 637
109	965	210 568	853	704
51 403	5 962	724	−4 865	−6 348
621	351	6 518	906	659

（续表）

二、乘算（保留小数两位，以下四舍五入）：	三、除算（保留小数两位，以下四舍五入）：
1. $0.34×14.37=$	1. $25\ 972÷302=$
2. $91×8\ 569=$	2. $50\ 568÷516=$
3. $386×952=$	3. $12\ 644÷29=$
4. $2\ 057×304=$	4. $5\ 253÷17=$
5. $79×7\ 082=$	5. $10\ 878÷294=$
6. $2\ 806×19=$	6. $201.807÷81.6=$
7. $1\ 058×62=$	7. $3.430\ 88÷3.27=$
8. $275×364=$	8. $169\ 060÷428=$
9. $3.42×90.82=$	9. $373\ 606÷734=$
10. $9.146×57=$	10. $12\ 008÷76=$

模拟题九（限时 20 分钟）

一、加减算：

（一）	（二）	（三）	（四）	（五）
305	72 643	302 876	913	856 940
51 029	5 328	604	67 125	−217
7 486	180 475	4 315	−504	3 064
812	901	719	9 374	−3 958
942	5 089	91 082	605 248	671
872 463	439	70 681	8 529	80 564
915 367	786	9 453	−617	2 179
3 091	1 394	892	20 436	391
253	524	9 578	748	−572 138
7 608	3 706	406	−9 278	402
8 407	629 051	302 869	683	−3 649
951	817	3 425	−109	758
86 734	5 546	107	3 295	6 095
2 109	683	834	−506	−827
645	72 109	6 527	2 816	41 023

（六）	（七）	（八）	（九）	（十）
415	572	72 584	705 132	85 263
2 687	4 136	7 638	486	−471
931	10 928	19 302	−39 214	8 209
95 246	5 103	658	675	314
708	647	7 049	−8 091	−56 297
435	18 902	2 415	2 743	803
607 981	2 587	697	583	−4 165
253	903	825 103	−9 201	718
4 768	674 152	468	24 855	−2 903
3 902	298	9 017	−792	465
6 523	7 543	425	3 401	790 281
147	698	163	705 296	796
580 923	46 031	9 302	789	37 809
6 417	689	861 475	−3 018	−154
92 801	7 405	903	564	3 546

（续表）

二、乘算（保留小数两位，以下四舍五入）：	三、除算（保留小数两位，以下四舍五入）：
1. 74×3 502＝	1. 32 627÷413＝
2. 31×9 427＝	2. 47 564÷94＝
3. 25×4 189＝	3. 10 612÷28＝
4. 6 508×92＝	4. 44 384÷76＝
5. 8 904×15＝	5. 8 554÷658＝
6. 2 813×76＝	6. 30 996÷369＝
7. 429×503＝	7. 2 096 253÷503＝
8. 1.79×38.6＝	8. 47.901 9÷5.94＝
9. 0.395×6 078＝	9. 455 913÷537＝
10. 3 067×219＝	10. 55 334÷146＝

模拟题十（限时 20 分钟）

一、加减算：

（一）	（二）	（三）	（四）	（五）
5 201	63 245	4 015	934	834 627
837	513	727	954 137	−509
4 205	4 913	891	−493	8 214
627 953	60 278	41 307	8 362	1 673
768	5 186	345	−46 015	952
21 649	642	9 526	8 724	−28 346
405	704 359	384	−506	9 075
6 087	409	1 087	−13 259	179
953	8 217	615 027	736	650 913
9 082	907	7 369	8 176	−408
741	893	508	720 695	7 421
35 416	1 057	24 619	106	536
869	5 286	739	8 241	−4 873
1 983	934	5 482	802	506
710 492	718 062	106	−7 501	−19 082

（六）	（七）	（八）	（九）	（十）
8 516	738	4 381	72 403	915 637
394	1 495	75 039	716	−2 047
7 804	5 826	6 042	67 489	591
842	431	789	248	−9 175
308 215	619 403	195 024	−1 038	408
6 701	1 502	572	937 106	6 204
75 219	207	1 043	−5 237	826 093
852	36 975	763	542	435
109 763	904	267 958	−1 097	−28 467
571	2 618	3 018	138	3 219
19 804	831 975	574	−6 059	−816
3 467	6 074	8 269	814	−48 027
639	378	15 804	269 035	715
6 409	25 809	829	−8 549	−3 679
523	426	319	562	805

（续表）

二、乘算（保留小数两位，以下四舍五入）：	三、除算（保留小数两位，以下四舍五入）：
1. 23×5 089＝	1. 89 570÷106＝
2. 3 481×65＝	2. 9 432÷524＝
3. 17×2 394＝	3. 38 665÷407＝
4. 1 328×59＝	4. 37 944÷93＝
5. 7 063×54＝	5. 60 465÷87＝
6. 4 802×93＝	6. 32 298÷769＝
7. 493×268＝	7. 9 705÷15＝
8. 106×257＝	8. 4.632 17÷0.725＝
9. 0.549×1 076＝	9. 3.668 37÷1.76＝
10. 8 975×0.106＝	10. 80 454÷759＝

【参考答案】

模 拟 题 一

一、加减算

1. 1 287 665　**2.** 1 573 857　**3.** 1 573 857　**4.** 1 111 779　**5.** －67 236　**6.** 992 798
7. 1 922 913　**8.** 1 341 218　**9.** 1 641 704　**10.** 1 317 655

二、乘算

1. 162 972.00　**2.** 81 066.00　**3.** 308 443.00　**4.** 658 689.00　**5.** 344 808.00　**6.** 28.40
7. 76 443.00　**8.** 5 586 328.00　**9.** 1 033.87　**10.** 2 890 944.00

三、除算

1. 97.00　**2.** 89.00　**3.** 547.00　**4.** 104.00　**5.** 48.00　**6.** 928.00　**7.** 1 021.98
8. 1.86　**9.** 7.47　**10.** 408.27

模 拟 题 二

一、加减算

1. 1 277 640　**2.** 1 500 065　**3.** 1 255 842　**4.** 698 189　**5.** 1 021 642　**6.** 994 168
7. 1 041 783　**8.** 968 864　**9.** 347 513　**10.** 1 354 247

二、乘算

1. 166 945.00　**2.** 31 752.00　**3.** 207 064.00　**4.** 100 224.00　**5.** 675 264.00　**6.** 31.50
7. 312 086.00　**8.** 1 304 604.00　**9.** 13.81　**10.** 134 680.00

三、除算

1. 57.00　**2.** 63.00　**3.** 348.00　**4.** 32.59　**5.** 18.00　**6.** 157.07　**7.** 2.76　**8.** 9.17
9. 157.00　**10.** 905.00

模 拟 题 三

一、加减算

1. 1 354 335　**2.** 1 442 699　**3.** 1 351 103　**4.** 873 387　**5.** 408 275　**6.** 1 436 361
7. 1 204 767　**8.** 1 814 961　**9.** 502 183　**10.** 1 276 185

二、乘算

1. 686 954.00　**2.** 39 292.00　**3.** 795 872.00　**4.** 1 010 321.00　**5.** 5.90　**6.** 534 079.00
7. 315 022.00　**8.** 709.58　**9.** 310.60　**10.** 263 900.00

三、除算

1. 824.00　**2.** 268.00　**3.** 73.65　**4.** 26.00　**5.** 375.00　**6.** 109.00　**7.** 3.04　**8.** 3.62
9. 17.00　**10.** 306.00

模 拟 题 四

一、加减算

1. 1 353 516　**2.** 1 152 783　**3.** 1 355 071　**4.** 875 277　**5.** 814 769　**6.** 1 091 922

7. 1 140 786　**8.** 1 885 197　**9.** 628 246　**10.** 1 280 496

二、乘算

1. 7 750 379.00　**2.** 359 662.00　**3.** 442 244.00　**4.** 836 225.00　**5.** 6.60　**6.** 778 619.00

7. 188 188.00　**8.** 93 548.00　**9.** 310.60　**10.** 539.30

三、除算

1. 72.00　**2.** 768.89　**3.** 326.00　**4.** 98.00　**5.** 61.00　**6.** 382.00　**7.** 2.71　**8.** 57.02

9. 1.37　**10.** 628.00

模 拟 题 五

一、加减算

1. 1 666 368　**2.** 1 541 038　**3.** 1 249 911　**4.** 1 094 441　**5.** 1 053 943　**6.** 794 384

7. 1 046 004　**8.** 968 747　**9.** 355 865　**10.** 1 394 495

二、乘算

1. 12.55　**2.** 235 494.00　**3.** 199 108.00　**4.** 300 132.00　**5.** 701 184.00　**6.** 469 867.00

7. 269 246.00　**8.** 6 062 301.00　**9.** 9.16　**10.** 131 755.00

三、除算

1. 815.00　**2.** 463.00　**3.** 79.00　**4.** 82.00　**5.** 926.00　**6.** 275.00　**7.** 8.25　**8.** 9.13

9. 27.00　**10.** 685.00

模 拟 题 六

一、加减算

1. 1 398 372　**2.** 1 146 962　**3.** 1 203 418　**4.** 917 748　**5.** 856 241　**6.** 1 022 487

7. 1 145 169　**8.** 1 127 855　**9.** 933 823　**10.** 1 540 200

二、乘算

1. 270 072.00　**2.** 0.04　**3.** 1 064.92　**4.** 141 624.00　**5.** 357 198.00　**6.** 560 634.00

7. 84.09　**8.** 3 348 550.00　**9.** 229 437.00　**10.** 177 184.00

三、除算

1. 476.00　**2.** 108.00　**3.** 70.99　**4.** 38.00　**5.** 972.00　**6.** 647.00　**7.** 1.07　**8.** 9.03

9. 34.00　**10.** 219.00

模 拟 题 七

一、加减算

1. 1 499 256　**2.** 889 788　**3.** 1 082 738　**4.** 723 960　**5.** 482 047　**6.** 1 184 834
7. 785 526　**8.** 1 770 651　**9.** 1 395 494　**10.** 811 636

二、乘算

1. 74 175.00　**2.** 452 162.00　**3.** 382 912.00　**4.** 399 042.00　**5.** 236 504.00　**6.** 657.54
7. 5.59　**8.** 4 861 038.00　**9.** 391 012.00　**10.** 105 592.00

三、除算

1. 87.00　**2.** 91.00　**3.** 658.00　**4.** 215.00　**5.** 59.00　**6.** 309.00　**7.** 1.69　**8.** 3.27
9. 517.00　**10.** 271.00

模 拟 题 八

一、加减算

1. 1 665 018　**2.** 769 009　**3.** 1 209 726　**4.** 1 092 884　**5.** 1 301 245　**6.** 832 697
7. 1 293 828　**8.** 900 338　**9.** 388 095　**10.** 1 711 925

二、乘算

1. 4.89　**2.** 779 779.00　**3.** 367 472.00　**4.** 625 328.00　**5.** 559 478.00　**6.** 53 314.00
7. 65 596.00　**8.** 100 100.00　**9.** 310.60　**10.** 521.32

三、除算

1. 86.00　**2.** 98.00　**3.** 436.00　**4.** 309.00　**5.** 37.00　**6.** 2.47　**7.** 1.05　**8.** 395.00
9. 509.00　**10.** 158.00

模 拟 题 九

一、加减算

1. 1 958 202　**2.** 979 491　**3.** 804 368　**4.** 708 153　**5.** 411 298　**6.** 1 404 137
7. 780 594　**8.** 1 817 199　**9.** 1 384 208　**10.** 864 214

二、乘算

1. 259 148.00　**2.** 292 237.00　**3.** 104 725.00　**4.** 598 736.00　**5.** 133 560.00
6. 213 788.00　**7.** 215 787.00　**8.** 69.09　**9.** 2 400.81　**10.** 671 673.00

三、除算

1. 79.00　**2.** 506.00　**3.** 379.00　**4.** 584.00　**5.** 13.00　**6.** 84.00　**7.** 4 167.50
8. 8.06　**9.** 849.00　**10.** 379.00

模 拟 题 十

一、加减算

1. 1 426 641　**2.** 1 574 901　**3.** 712 132　**4.** 1 643 139　**5.** 1 460 878　**6.** 549 719
7. 1 534 761　**8.** 580 424　**9.** 1 327 073　**10.** 1 661 896

二、乘算

1. 117 047.00　**2.** 226 265.00　**3.** 40 698.00　**4.** 78 352.00　**5.** 381 402.00
6. 446 586.00　**7.** 132 124.00　**8.** 27 242.00　**9.** 590.72　**10.** 951.35

三、除算

1. 845.00　**2.** 18.00　**3.** 95.00　**4.** 408.00　**5.** 695.00　**6.** 42.00　**7.** 647.00
8. 6.39　**9.** 2.08　**10.** 106.00

附录二

全国珠算技术等级鉴定
普通一级模拟题

模拟题一（限时 20 分钟）

一、加减算：

（一）	（二）	（三）	（四）	（五）
49 092	91 973 825	3 489 089	53 181	71 866
1 403 618	2 509	10 734 759	815 792	3 475
8 962	428 023	7 385	79 620 439	572 361
937 148	1 803 948	75 382 965	−6 140 786	−26 421
7 501 842	28 790 436	716 592	248 523	9 487
894 932	3 268	1 856	−3 026 918	5 268 914
62 075 895	16 270 286	913 165	4 096	6 014
2 965	5 218	47 422	95 870 823	35 930 837
5 164 535	1 509 134	43 168	−30 645	−71 208
67 305	31 571	8 405 201	−5 172	309 019
643 067	561 794	294 068	39 519	−9 382 569
20 343 867	4 356 076	47 032 046	451 709	61 740 845
1 708	90 475	37 296	84 562 709	−1 502 647
82 130 721	74 964	8 010 317	−6 842 034	−935 028
41 579	860 537	2 569	7 637	20 953 847

（续表）

一、加减算：

（六）	（七）	（八）	（九）	（十）
8 089.32	259 037.41	59 307.53	79 025.18	90 725.81
364.82	67.58	42.04	−8 013.19	−9 013.28
748 901.93	38 926.78	70 154.96	62 053.24	56 203.42
53.98	3 917.68	853.98	893 124.82	914 832.28
806.59	859.64	104 203.24	−68 709.86	−46 709.86
21 089.37	60 908.31	1 806.72	90.68	90.68
762 180.43	357.84	461.87	6 969.76	9 667.69
153.62	52.41	920 592.39	382.15	582.13
140 841.52	750 361.74	16.27	−64.75	−54.76
20 659.14	5 012.09	793 908.16	7 281.03	2 081.37
13.46	432.61	8 542.75	274.15	−412.57
79 570.65	138 290.65	313.61	740 350.31	410 035.73
67.25	4 969.02	3 862.75	303.17	51.43
4 537.12	12 450.37	86 407.16	70 402.83	−574 046.94
7 604.97	74.28	89.54	−326 073.41	875.13

二、乘算（保留小数两位，以下四舍五入）：

1. 3 728×4 905＝

2. 5 302.7×3 964＝

3. 92.75× 70.51＝

4. 3 291×9 082＝

5. 82.604×46 481＝

6. 859.1× 4.301 5＝

7. 8 463×7 416＝

8. 61.89× 67.92＝

9. 5 792× 7 981＝

10. 8.530 7×6 013＝

三、除算（保留小数两位，以下四舍五入）：

1. 7 594.324 8÷902.18＝

2. 604.476 8÷0.073 6＝

3. 215 944÷385＝

4. 2 343 348÷476＝

5. 157.180 7÷1.87＝

6. 34 271 244÷574＝

7. 22 986.7÷943

8. 4 588 658÷6 328＝

9. 5 176.759 5÷6.820 5＝

10. 974 516÷542＝

模拟题二（限时 20 分钟）

一、加减算：

（一）	（二）	（三）	（四）	（五）
20 949	19 375 289	4 938 089	51 831	81 676
1 430 618	2 059	10 374 579	817 592	4 375
9 628	820 432	7 385	69 207 349	573 261
731 849	1 083 498	57 389 265	−4 106 768	−42 621
8 051 724	26 798 403	716 925	284 523	9 847
894 932	3 628	1 586	−2 039 618	6 258 194
62 057 859	16 720 826	911 365	4 069	6 104
6 295	5 128	24 472	95 780 832	35 309 387
5 146 553	1 409 315	43 618	−30 465	−81 207
60 537	35 171	8 502 014	−5 712	309 109
643 607	561 794	290 468	35 919	−6 392 859
20 348 367	4 536 067	74 302 064	450 719	61 470 485
1 087	95 407	32 796	84 652 079	−1 602 547
82 103 712	74 946	8 013 701	−6 482 304	−930 582
45 719	865 037	2 659	7 367	20 958 374

（六）	（七）	（八）	（九）	（十）
3 089.28	3 197.68	739 908.61	80 925.71	941 832.82
805.69	75.68	40.24	−9 013.81	−8 103.92
784 903.91	39 886.72	70 145.69	52 063.24	62 503.24
59.38	150 932.47	835.98	891 324.28	70 925.18
368.42	985.64	102 403.42	−67 809.68	−46 076.89
10 289.37	69 018.03	1 687.02	96.08	96.08
826 174.03	358.74	467.81	6 699.76	6 697.96
152.63	41.52	920 952.93	381.25	381.25
158 042.41	2 949.06	21.67	−57.46	−57.46
20 569.14	5 102.09	39 507.35	301.37	2 801.73
14.36	461.32	8 452.57	271.45	−421.57
5 347.12	132 890.56	86 047.61	743 050.13	410 305.37
62.75	705 364.71	3 782.56	7 218.03	54.13
75 976.05	12 405.37	316.31	70 403.82	−547 046.49
7 064.79	42.78	85.94	−362 073.14	871.53

（续表）

二、乘算（保留小数两位，以下四舍五入）：	三、除算（保留小数两位，以下四舍五入）：
1. $2\ 378 \times 4\ 509 =$	1. $35\ 227 \div 219 =$
2. $5\ 307.2 \times 3\ 694 =$	2. $14\ 727\ 128 \div 57\ 304 =$
3. $52.97 \times 70.15 =$	3. $294\ 229.44 \div 815.04 =$
4. $3\ 921 \times 9\ 028 =$	4. $33\ 633\ 116 \div 836 =$
5. $84.602 \times 46\ 841 =$	5. $709\ 101.38 \div 81\ 056 =$
6. $895.1 \times 4.501\ 3 =$	6. $816\ 305 \div 1\ 967 =$
7. $6\ 483 \times 7\ 461 =$	7. $276.485\ 6 \div 2.96 =$
8. $67.58 \times 62.95 =$	8. $7.629\ 42 \div 1.740\ 6 =$
9. $7\ 295 \times 8\ 971 =$	9. $11\ 716.44 \div 35.94 =$
10. $0.908\ 1 \times 3\ 018 =$	10. $2\ 480\ 544 \div 9\ 504 =$

模拟题三（限时 20 分钟）

一、加减算：

（一）	（二）	（三）	（四）	（五）
90 492	19 738 295	8 390 874	53 811	76 816
8 630 141	5 092	70 347 591	157 928	4 753
6 829	280 234	3 857	96 204 397	263 275
817 934	8 039 481	73 829 655	−1 407 866	−22 461
4 710 852	68 790 432	165 927	485 232	4 897
294 893	2 683	8 561	−2 018 269	2 689 145
958 570 625	62 702 861	131 659	6 904	1 046
5 296	2 185	47 242	58 708 239	83 703 953
3 546 515	5 049 131	31 684	−50 453	−70 218
57 063	15 713	405 218	−1 725	901 093
703 646	617 945	940 682	95 193	−8 652 839
68 342 037	3 560 764	4 032 467	907 154	64 804 715
10 708	50 479	72 963	80 726 548	−5 026 471
17 031 822	49 647	1 003 178	−4 402 386	−820 593
91 457	605 378	5 692	6 377	84 735 902

（六）	（七）	（八）	（九）	（十）
8 093.82	347 209.51	53 709.53	89.95	81 920.57
648.23	75.86	24.04	81 976.05	−8 321.09
739 109.84	89 268.73	15 496.07	573.92	32 450.26
39.85	9 176.83	5 398.85	−75.09	819 423.82
659.08	856.49	423 024.01	−5 194.59	−48 709.96
10 893.72	90 831.06	1 807.26	36.13	86.09
621 804.37	578.43	618.47	−6 154.86	7 696.96
136.25	24.51	205 932.99	735.68	512.83
508 414.21	506 314.77	61.72	924 242.66	−76.45
14 956.02	9 021.05	908 973.16	−4 204.84	3 017.28
13.63	623.14	5 427.85	81 701.49	−514.27
957 705.67	182 906.53	316.31	816 705.28	310 540.37
72.56	2 969.49	8 727.53	307.31	34.15
4 371.25	70 354.12	68 704.16	83 704.02	−467 056.49
6 049.77	82.47	45.98	−327 036.14	517.83

（续表）

二、乘算(保留小数两位,以下四舍五入)：	三、除算(保留小数两位,以下四舍五入)：
1. $5\,049 \times 3\,782 =$	1. $7\,493\,409 \div 7\,623 =$
2. $7.302\,5 \times 4\,963 =$	2. $2\,957\,286 \div 734 =$
3. $6.491 \times 0.038\,5 =$	3. $250.058\,48 \div 69.03 =$
4. $1\,293 \times 2\,089 =$	4. $2.267\,47 \div 0.361\,9 =$
5. $24\,806 \times 1\,486 =$	5. $514\,900 \div 1\,048 =$
6. $59.18 \times 3.401\,5 =$	6. $796\,824 \div 189 =$
7. $1\,425 \times 843 =$	7. $410.705\,9 \div 0.502\,7 =$
8. $46.77 \times 23.96 =$	8. $1\,465\,839 \div 271 =$
9. $1\,987 \times 2\,597 =$	9. $467\,824 \div 492 =$
10. $3\,601 \times 7.085\,3 =$	10. $460\,092 \div 582 =$

模拟题四（限时 20 分钟）

一、加减算：

（一）	（二）	（三）	（四）	（五）
404 169	7 945 689	3 618	643 824	49 731
9 835	7 537	6 832 456	8 712 507	795 278
4 734 306	51 802	20 928	−7 519	5 431 928
5 631	70 652 273	709 064	3 152 839	−927 491
50 712	20 812	5 613	−681 375	78 036
58 967 091	6 586	7 041 628	2 127 903	9 061 968
20 896	161 408	11 809 204	800 156	−96 043
563 151	40 106	137 926	68 945	35 105 235
8 538	6 144 990	2 957 098	−2 039	60 460 451
201 647	14 342 789	50 378	70 951 743	268 734
2 829 072	792 571	54 725 446	5 468	−2 791 873
83 469	37 578 012	978 143	90 974	5 462
23 470 825	393 869	15 313 758	−13 687 893	−10 253 025
19 409 147	325 936	9 529	61 062	8 608
3 572 678	30 484	30 647	−46 240 425	−1 487

（六）	（七）	（八）	（九）	（十）
79.33	23 610.24	890.52	376.12	391 087.54
593.59	586.02	50 298.93	4 951.79	−24.95
18.87	82 761.49	358.39	−789.05	−24 638.37
763 450.61	7 260.04	70 185.45	64 357.31	614.72
8 021.35	76.05	45.68	8 037.09	−68.08
871.56	16 954.34	640 514.19	−71.36	347 890.97
890 592.07	95.18	70 651.07	35 084.69	7 931.07
2 681.12	9 185.37	3 860.19	672 806.58	−35 629.64
349 120.61	894 039.21	27.61	−1 504.62	5 410.15
19 609.37	8 279.46	5 332.74	420.33	317.29
42.84	341 059.78	68.42	920 625.12	1 846.08
6 750.39	976.36	231 098.26	−36 802.91	65 207.89
28 603.74	72.38	984.69	49.28	195.25
28 604.57	741 503.81	767 071.74	−181 445.48	14.02
245.84	520.35	4 231.32	75.97	−38 603.65

（续表）

二、乘算（保留小数两位，以下四舍五入）：	三、除算（保留小数两位，以下四舍五入）：
1. 5 089×17 503＝	1. 985 986÷1 674＝
2. 48.03×97.21＝	2. 11 907.3÷2 715＝
3. 1 349×2 056＝	3. 32 021.88÷847＝
4. 2 601.7×0.465 2＝	4. 353 379÷169＝
5. 7 253×5 184＝	5. 29 673.5÷69.82＝
6. 1.836 4×9 038＝	6. 271.511 73÷48.37＝
7. 2 576×3 198＝	7. 30 638.08÷40.96＝
8. 36.88×45.69＝	8. 5 200 693÷617＝
9. 0.701 9×4 927＝	9. 306 978.2÷548＝
10. 2 965×34 706＝	10. 325 445÷74 502＝

模拟题五（限时 20 分钟）

一、加减算：

（一）	（二）	（三）	（四）	（五）
904 164	6 014 499	971 483	7 810 257	39 741
5 839	7 537	8 325 664	863 243	895 277
6 743 304	51 802	22 098	−5 197	4 531 982
1 635	70 652 273	709 604	2 318 395	−924 971
20 175	20 812	5 631	−861 375	76 038
58 670 919	6 586	7 012 864	2 127 903	8 061 969
60 892	161 408	10 189 204	860 105	−90 436
163 155	40 106	213 796	58 946	51 305 235
8 538	7 945 689	2 909 785	−3 209	50 450 451
206 471	14 342 789	35 078	71 057 439	368 724
8 229 072	792 571	45 754 462	4 568	−3 791 728
84 693	37 578 012	3 168	70 994	5 624
32 470 852	393 869	35 113 587	−13 387 896	−20 230 155
14 091 794	332 596	9 592	66 102	8 806
3 527 876	40 483	30 674	−26 540 424	−4 871

（六）	（七）	（八）	（九）	（十）
980 752.09	43 610.22	908.52	276.13	491 087.53
993.55	582.06	59 028.93	7 951.49	−42.95
17.88	78 261.94	398.35	−589.07	−34 628.37
634 750.61	6 240.07	80 157.45	46 357.13	714.62
8 521.38	76.05	65.58	3 807.09	−86.08
718.56	46 549.36	405 614.19	−61.37	437 890.79
79.33	85.19	57 061.07	34 085.69	7 731.09
2 621.18	8 157.39	3 960.18	678 062.58	−35 269.64
439 620.11	940 839.21	62.71	−2 504.61	4 150.15
17 609.39	8 796.42	3 532.74	320.43	327.39
48.82	410 359.78	64.82	960 225.21	1 684.08
6 750.93	966.37	302 918.26	−38 062.19	52 807.69
23 860.74	82.37	849.69	29.84	215.22
27 804.56	71 503.81	770 671.74	−114 485.48	24.01
452.84	530.52	4 331.22	95.77	−58 603.35

（续表）

二、乘算（保留小数两位，以下四舍五入）：	三、除算（保留小数两位，以下四舍五入）：
1. $903 \times 34\ 825 =$	1. $8\ 547\ 388 \div 278 =$
2. $38.04 \times 79.21 =$	2. $24\ 212\ 864 \div 58\ 204 =$
3. $3\ 149 \times 3\ 206 =$	3. $71.079\ 89 \div 8.301\ 1 =$
4. $1\ 607.2 \times 0.564\ 2 =$	4. $1\ 569\ 268 \div 745 =$
5. $2\ 753 \times 8\ 154 =$	5. $148.649\ 6 \div 0.360\ 8 =$
6. $6\ 198 \times 9.037 =$	6. $6\ 687\ 714 \div 7\ 062 =$
7. $2\ 765 \times 3\ 981 =$	7. $308\ 173.01 \div 32\ 601 =$
8. $46.83 \times 85.64 =$	8. $68.817\ 582\ 7 \div 9.510\ 6 =$
9. $0.901\ 7 \times 4\ 279 =$	9. $3\ 857\ 096 \div 632 =$
10. $9\ 625 \times 30\ 476 =$	10. $7\ 684\ 352 \div 832 =$

模拟题六（限时 20 分钟）

一、加减算：

（一）	（二）	（三）	（四）	（五）
68 570 919	181 404	3 861	8 705 711	49 731
3 895	5 377	8 256 364	638 324	785 297
4 763 304	218 502	280 982	−7 159	4 319 852
36 135	60 522 773	607 049	52 318 395	−972 149
10 275	20 128	16 351	−768 175	60 378
906 414	6 865	8 012 764	1 229 037	601 989
68 029	9 745 896	10 192 084	801 605	−94 036
361 515	60 104	123 967	59 468	51 302 535
5 838	4 614 909	2 907 589	−2 093	50 504 451
106 472	14 427 389	53 708	91 054 397	623 874
9 220 728	725 971	54 725 464	4 658	−2 739 178
64 938	37 158 027	814 739	97 094	5 264
28 473 852	383 969	40 763	−13 389 687	−30 230 155
17 091 494	335 962	9 529	61 062	6 088
2 578 763	40 834	53 513 187	−62 540 244	−4 187

（六）	（七）	（八）	（九）	（十）
73. 39	820 939. 41	389. 35	9 519. 47	509 187. 43
593. 95	682. 05	93 028. 95	726. 31	−52. 94
16 397. 09	79 261. 84	902. 58	−789. 05	−34 286. 37
647 103. 65	6 270. 04	70 155. 48	54 633. 17	716. 24
5 821. 38	75. 06	85. 65	3 907. 08	−60. 88
618. 57	46 569. 34	640 514. 91	−67. 31	439 907. 78
890 952. 07	95. 18	57 610. 07	34 658. 09	7 370. 19
6 221. 81	8 917. 35	3 860. 19	806 657. 28	−35 692. 46
436 109. 12	42 610. 23	61. 72	−2 510. 64	5 150. 14
18. 87	4 796. 48	3 342. 75	330. 42	237. 93
84. 28	310 459. 78	84. 62	960 125. 22	1 688. 04
7 659. 03	936. 36	230 918. 62	−28 061. 39	52 907. 68
23 607. 84	72. 38	984. 69	89. 24	1 252. 15
26 804. 57	71 803. 51	470 671. 77	−145 184. 48	14. 02
542. 84	502. 53	421. 23	97. 75	−68 503. 53

（续表）

二、乘算（保留小数两位，以下四舍五入）：	三、除算（保留小数两位，以下四舍五入）：
1. 13 057×5 089＝	1. 1 653 836÷926＝
2. 48.03×71.29＝	2. 11.88÷0.049 3＝
3. 3 602×9 314＝	3. 4 567 303÷859＝
4. 2 067.1×0.462 5＝	4. 18 308 696÷935＝
5. 1 584×7 253＝	5. 54.700 758÷0.080＝
6. 1.683 4×9 083＝	6. 1 382.461 7÷150.69＝
7. 1 398×5 762＝	7. 1 007 832÷2 571＝
8. 46.79×68.49＝	8. 7 080 255÷931＝
9. 4 729×0.970 1＝	9. 1 161 710÷3 245＝
10. 6 295×73 046＝	10. 2 886.990 4÷0.057＝

模拟题七（限时 20 分钟）

一、加减算：

（一）	（二）	（三）	（四）	（五）
802 156	7 814 624	26 830 782	6 715	51 277
7 108	30 182 917	97 361	5 094 637	629 173
54 782	215 849	970 563	−719 586	−1 439
7 052 946	94 789	59 059	6 701 874	1 597 678
650 468	48 049 362	2 136	−5 648	6 483
16 516 058	23 056	501 865	15 909	92 352 056
1 501	2 365 205	28 306	−1 259 232	−803 902
25 029	7 954	4 951 091	58 046 176	342 198
193 993	37 890 527	7 148	23 724	98 530 475
3 479	13 795	1 487 213	530 241	4 516
89 248 746	3 096 413	5 149	−31 098 947	−5 725 931
7 826 379	760 186	3 495 462	1 289	−20 640 166
43 027	1 508	87 420 346	58 097 068	8 076 418
4 513 423	602 385	537 602	432 334	−83 902
36 830 179	7 461	87 297 480	−20 863	74 084

（六）	（七）	（八）	（九）	（十）
806 882. 31	817. 59	736 745. 24	54 158. 43	26. 03
249. 79	92 934. 50	896. 46	−34. 27	81 690. 37
28 960. 47	4 386. 24	62. 81	516 930. 57	134 892. 08
870 214. 26	71 908. 65	585 780. 79	−42 041. 46	−83. 16
79. 15	478 012. 16	3 576. 92	906. 52	728. 07
968 938. 71	49 301. 25	17 031. 03	910 918. 69	−4 307. 34
535. 67	1 032. 61	701 235. 18	562. 26	724 950. 15
53. 95	37. 23	8 920. 84	95. 12	−9 092. 47
4 350. 57	670 574. 56	95. 67	−180 320. 86	−547 513. 62
34. 15	4 607. 87	1 749. 52	5 487. 61	490. 86
27 847. 63	32 801. 48	81. 26	715. 37	69. 18
9 480. 21	628. 94	914. 09	−83. 49	−7 657. 81
90 251. 68	81. 53	38 035. 26	−24 936. 03	42 596. 09
2 014. 01	95. 09	540. 37	7 809. 72	51 545. 31
304. 36	759. 63	21 406. 94	8 734. 78	823. 92

（续表）

二、乘算（保留小数两位,以下四舍五入）：	三、除算（保留小数两位,以下四舍五入）：
1. 5 814×3.620 8＝	1. 54 860÷718＝
2. 8 092×4 157＝	2. 926 294÷2 351＝
3. 1 438×2 059＝	3. 253 014÷436＝
4. 4.076 8×461.3＝	4. 3.054 484÷0.073 9＝
5. 9 374×5 479＝	5. 7 783 536÷971＝
6. 5 096×21 905＝	6. 36.914 8÷0.518＝
7. 3 562×0.384 6＝	7. 809.224 7÷0.026 3＝
8. 0.164 2×1 976＝	8. 54.328 4÷0.874＝
9. 2.097 8×386.9＝	9. 14 061 084÷15 087＝
10. 5 731×2 048＝	10. 45 869.54÷5 014＝

模拟题八（限时 20 分钟）

一、加减算：

（一）	（二）	（三）	（四）	（五）
582 106	40 493 862	4 501 991	9 506 734	72 715
8 071	20 183 971	91 367	5 167	391 627
57 842	258 149	390 567	−795 168	−1 394
7 029 465	7 146 824	50 599	6 018 747	1 976 578
604 658	74 899	2 316	−6 458	6 834
15 160 568	20 536	586 015	19 509	92 520 356
1 015	2 352 065	23 068	−1 529 223	−809 302
20 259	7 594	26 830 782	50 461 876	321 298
139 993	38 957 207	7 481	27 243	95 308 475
3 794	13 957	1 874 131	502 431	4 165
82 487 946	3 064 193	5 194	−30 978 491	−7 255 931
7 263 879	701 866	3 954 462	1 892	−20 646 016
40 237	1 058	84 207 364	50 978 086	8 064 718
4 513 342	603 825	576 032	4 343 234	−89 032
38 360 791	7 614	80 297 478	−28 603	70 874

（六）	（七）	（八）	（九）	（十）
630 682.81	957.18	636 745.42	48 415.53	89 160.37
429.79	929 354.02	834.69	−34.27	62.03
29 608.47	4 486.23	62.81	519 306.57	108 942.38
802 174.62	75 908.61	575 780.78	−40 412.64	−83.61
75.19	780 142.61	3 276.95	905.62	708.27
989 638.71	43 019.52	10 731.03	910 618.99	−3 407.43
635.57	1 012.63	702 135.81	526.26	729 504.51
55.93	33.27	9 824.08	92.15	−9 042.97
4 507.53	605 747.65	59.67	−103 208.68	−451 537.62
31.45	4 076.78	1 794.52	5 748.61	480.69
78 247.36	32 018.84	82.16	571.73	68.19
9 840.21	862.94	904.19	−93.48	−6 757.81
90 651.28	51.83	30 385.62	−34 936.02	54 299.06
2 041.01	59.09	504.73	2 809.77	51 345.51
343.06	659.37	41 206.49	8 784.38	822.93

（续表）

二、乘算（保留小数两位，以下四舍五入）：	三、除算（保留小数两位，以下四舍五入）：
1. 2.603 8×1 485＝	1. 404 544÷1 376＝
2. 9 208×4 157＝	2. 16 027 836÷16 907＝
3. 2 509×1 438＝	3. 25 507÷492＝
4. 4.706 8×643.1＝	4. 2 319 138÷3 618＝
5. 7 594×4 379＝	5. 22 965.72÷39.46＝
6. 8 106×1 865＝	6. 3 467 288÷5 084＝
7. 0.386 4×3 526＝	7. 677 026÷259＝
8. 0.142 6×1 769＝	8. 410 789.24÷629.08＝
9. 378.6×2.960 7＝	9. 3 499.441 2÷9.407 1＝
10. 7 513×2 408＝	10. 23 118.74÷574＝

模拟题九(限时 20 分钟)

一、加减算：

(一)	(二)	(三)	(四)	(五)
42 968 193	13 590 489	50 846 905	97 134 728	7 052 318
516 432	735 234	7 136	759 324	90 150 887
1 671 752	6 045 471	40 729 863	−87 245	−6 076
62 364 095	4 609	91 438	−3 245 608	−37 867 258
38 459	21 936	16 810 432	7 986	439 832
9 680 549	2 704 294	5 357	9 630 614	6 147
304 085	9 271	352 573	19 051	−26 139 219
8 609	129 017	490 267	−2 716	47 105
740 847	7 418	1 816 025	60 654	−3 094
92 807 521	75 512	87 286	35 083 208	394 653
9 250 179	689 283	701 649	952 083	6 124 908
17 632	98 368 106	9 560 724	−10 298 537	18 526
3 213	30 257	94 397	8 145	5 829 059
80 147	85 463 065	8 259	−407 614	−430 247
8 753	7 806 853	1 042 813	9 392 671	17 564

(六)	(七)	(八)	(九)	(十)
375 047. 16	82. 31	956 780. 58	85. 73	8 917. 96
8 059. 73	381 041. 07	36. 82	607 835. 15	−375. 47
106 458. 37	238. 74	83 073. 62	−712. 74	94 134. 09
1 384. 26	46 894. 19	94. 03	832 071. 59	728. 16
42 891. 52	5 087. 42	9 037. 49	1 640. 84	83 907. 58
89. 26	870 140. 37	674 610. 35	−264 906. 18	725 023. 75
4 325. 69	6 375. 54	20 592. 54	−732. 86	−20 350. 31
274. 53	364. 71	47 308. 91	4 093. 59	−68. 16
72. 09	97. 82	124. 15	−591. 93	473 104. 63
60 184. 93	56 293. 25	2 810. 47	68. 21	905. 47
421. 79	875 690. 39	973. 15	32 076. 95	−8 526. 81
80 970. 18	423. 91	15. 81	54. 19	40. 64
15. 78	2 169. 18	574. 68	8 079. 43	−298 462. 89
236 035. 64	56 054. 65	922 092. 46	−20 681. 26	5 063. 21
196. 05	62. 09	6 718. 36	34 704. 25	91. 52

（续表）

二、乘算（保留小数两位，以下四舍五入）：	三、除算（保留小数两位，以下四舍五入）：
1. 0.840 2×3 952=	1. 2 784.56÷76.3=
2. 35.26×71.38=	2. 837 252÷34 062=
3. 3.801 4×7 148=	3. 3 660.472 8÷0.074 6=
4. 275.6×4.850 1=	4. 425 648÷648=
5. 5 264×4 038=	5. 3 246.327 4÷4.38=
6. 1 895×2 901=	6. 676.918 4÷0.850 4=
7. 30 974×5 269=	7. 2 064 112÷6 532=
8. 1 763×27 054=	8. 380 201÷926=
9. 3 189×2 667=	9. 115 100.15÷390.17=
10. 87.09×63.89=	10. 61 438.5÷83.25=

模拟题十（限时 20 分钟）

一、加减算：

（一）	（二）	（三）	（四）	（五）
96 249 813	4 702 942	95 046 058	7 369 261	7 052 318
164 632	753 432	1 376	793 524	80 580 197
1 271 675	6 504 417	40 829 673	−75 284	−7 606
63 962 405	6 409	49 138	−6 325 408	−37 687 825
38 594	21 369	31 812 604	9 876	392 843
6 095 489	15 930 849	3 557	9 360 614	4 617
300 845	7 219	325 735	19 051	−36 192 129
8 096	190 217	402 697	−1 762	41 075
440 787	8 417	1 516 802	56 064	−3 904
98 027 251	57 512	72 868	50 830 328	435 963
2 759 019	692 838	740 169	920 853	6 024 198
16 732	83 961 068	9 607 524	−17 098 253	15 286
7 583	8 068 573	93 749	4 815	8 529 509
70 148	65 430 685	2 859	−740 461	−302 474
3 132	23 057	1 803 421	71 384 972	15 674

（六）	（七）	（八）	（九）	（十）
7 534 046.17	48 946.91	958 675.08	57.83	6 917.98
8 579.03	481 071.03	32.86	807 365.15	475.43
107 458.36	278.34	80 733.26	−742.71	99 134.04
1 843.62	48 946.91	93.04	932 071.58	628.17
28 491.25	5 487.02	3 907.49	1 608.44	93 507.88
96.28	701 843.07	467 613.05	−269 086.14	727 023.77
3 429.65	6 754.53	20 925.45	−762.83	−23 530.01
247.35	341.76	43 081.97	4 053.99	−68.16
92.07	87.92	145.25	−593.91	347 104.36
68 014.93	52 953.26	2 107.48	81.26	907.43
741.29	785 630.99	953.17	35 206.97	−1 526.88
90 170.88	60.92	7 166.38	54.19	46.04
169.05	2 196.81	584.67	8 794.03	−249 862.98
360 234.65	55 054.66	926 092.42	−20 816.62	6 503.21
17.58	123.94	85.11	34 074.52	19.29

（续表）

二、乘算（保留小数两位，以下四舍五入）：	三、除算（保留小数两位，以下四舍五入）：
1. 5.274×687＝	1. 26 534.74÷739＝
2. 52 323×87.61＝	2. 413 858÷738＝
3. 1.048 4×8 713＝	3. 180 095÷562＝
4. 625.8×4.015 7＝	4. 672.847 5÷0.975＝
5. 6 534×2 408＝	5. 7 294 692÷804＝
6. 2 819×5 019＝	6. 17 661.308÷80.4＝
7. 6 029×37 954＝	7. 5 129 417÷72.83＝
8. 32 057×4 176＝	8. 11.739 5÷0.019 4＝
9. 6 319×2 876＝	9. 4 699 788÷5 142＝
10. 69.88×70.39＝	10. 5 380 618÷6 709＝

【参考答案】

模 拟 题 一

一、加减算

1. 181 267 236　**2.** 146 762 064　**3.** 155 117 898　**4.** 245 628 873　**5.** 112 948 792
6. 1 794 934.17　**7.** 1 275 718.41　**8.** 2 050 562.97　**9.** 1 457 396.11　**10.** 854 908.26

二、乘算

1. 18 285 840.00　**2.** 21 019 902.80　**3.** 6 539.80　**4.** 29 888 862.00　**5.** 3 839 516.52
6. 3 695.42　**7.** 62 761 608.00　**8.** 4 203.57　**9.** 46 225 952.00　**10.** 51 295.10

三、除算

1. 8.42　**2.** 8 213　**3.** 560.89　**4.** 4 923　**5.** 84.05　**6.** 59 706　**7.** 24.38　**8.** 725.14
9. 759　**10.** 1 798

模 拟 题 二

一、加减算

1. 181 553 436　**2.** 72 387 000　**3.** 165 550 986　**4.** 238 627 413　**5.** 115 930 996
6. 1 892 919.33　**7.** 1 123 712.37　**8.** 1 974 655.71　**9.** 1 413 781.03　**10.** 894 762.96

二、乘算

1. 10 722 402.00　**2.** 19 604 796.80　**3.** 3 715.85　**4.** 35 398 788.00　**5.** 3 962 842.28
6. 4 029.11　**7.** 48 369 663.00　**8.** 4 254.16　**9.** 65 443 445.00　**10.** 2 740.65

三、除算

1. 160.85　**2.** 257.00　**3.** 361.00　**4.** 40 231.00　**5.** 8.75　**6.** 415.00　**7.** 93.41
8. 4.38　**9.** 326.00　**10.** 261.00

模 拟 题 三

一、加减算

1. 1 062 910 310　**2.** 169 510 320.00　**3.** 159 417 250.00　**4.** 229 471 084.00
5. 222 593 013.00　**6.** 2 872 968.27　**7.** 1 310 292.99　**8.** 1 698 267.93　**9.** 1 647 406.97
10. 731 521.90

二、乘算

1. 19 095 318.00　**2.** 36 242.31　**3.** 0.25　**4.** 2 701 077.00　**5.** 36 861 716.00
6. 201.30　**7.** 1 201 275.00　**8.** 1 120.61　**9.** 5 160 239.00　**10.** 25 514.17

三、除算

1. 983.00　**2.** 4 029.00　**3.** 3.62　**4.** 6.27　**5.** 491.32　**6.** 4 216.00　**7.** 817.00

8. 5 409.00　**9.** 950.86　**10.** 790.54

模 拟 题 四

一、加减算

1. 114 331 167　**2.** 138 494 864　**3.** 100 625 436　**4.** 25 996 170　**5.** 97 195 512
6. 2 099 285.86　**7.** 2 126 980.08　**8.** 1 845 619.20　**9.** 1 486 170.86　**10.** 721 550.29

二、乘算

1. 89 072 767.00　**2.** 4 669.00　**3.** 2 773 544.00　**4.** 1 210.31　**5.** 37 599 552.00
6. 16 597.38　**7.** 8 238 048.00　**8.** 1 685.05　**9.** 3 458.26　**10.** 102 903 290.00

三、除算

1. 589.00　**2.** 4.39　**3.** 37.81　**4.** 2 091.00　**5.** 425.00　**6.** 5.61　**7.** 748.00
8. 8 429.00　**9.** 560.18　**10.** 4.37

模 拟 题 五

一、加减算

1. 125 189 379　**2.** 138 381 032　**3.** 111 306 690　**4.** 44 439 851　**5.** 90 701 686
6. 2 144 601.97　**7.** 1 616 640.76　**8.** 1 689 625.45　**9.** 1 575 508.64　**10.** 868 002.18

二、乘算

1. 31 446 975.00　**2.** 3 013.15　**3.** 10 095 694.00　**4.** 906.78　**5.** 22 447 962.00
6. 56 011.33　**7.** 11 007 465.00　**8.** 4 010.52　**9.** 3 858.37　**10.** 293 331 500.00

三、除算

1. 30 746.00　**2.** 416.00　**3.** 8.56　**4.** 2 106.40　**5.** 412.00　**6.** 947.00　**7.** 9.45
8. 7.24　**9.** 6 103.00　**10.** 9 236.00

模 拟 题 六

一、加减算

1. 132 262 571　**2.** 128 448 110　**3.** 139 558 401　**4.** 78 262 393　**5.** 74 219 754
6. 2 062 608.46　**7.** 1 393 991.54　**8.** 1 573 032.58　**9.** 1 694 131.16　**10.** 879 835.42

二、乘算

1. 66 447 073.00　**2.** 3 424.06　**3.** 33 549 028.00　**4.** 956.03　**5.** 11 488 752.00
6. 15 290.32　**7.** 8 055 276.00　**8.** 3 204.65　**9.** 4 587.60　**10.** 459 824 570.00

三、除算

1. 1 786.00　**2.** 240.97　**3.** 5 317.00　**4.** 1 958 149.00　**5.** 683.76　**6.** 9.17
7. 392.00　**8.** 7 605.00　**9.** 358.00　**10.** 50 648.95

模 拟 题 七

一、加减算

1. 163 769 274　　**2.** 131 126 031　　**3.** 213 691 563　　**4.** 95 845 691　　**5.** 174 409 018
6. 2 810 196.92　　**7.** 1 407 979.33　　**8.** 2 117 072.38　　**9.** 1 258 902.96　　**10.** 469 157.66

二、乘算

1. 21 051.33　　**2.** 33 638 444.00　　**3.** 2 960 842.00　　**4.** 1 880.63　　**5.** 51 360 146.00
6. 111 627 880.00　　**7.** 1 369.95　　**8.** 324.46　　**9.** 811.64　　**10.** 11 737 088.00

三、除算

1. 76.41　　**2.** 394.00　　**3.** 580.30　　**4.** 41.33　　**5.** 8 016.00　　**6.** 71.26　　**7.** 30 769.00
8. 62.16　　**9.** 932.00　　**10.** 9.15

模 拟 题 八

一、加减算

1. 156 273 966　　**2.** 113 887 620　　**3.** 203 398 847　　**4.** 88 526 976　　**5.** 169 935 965
6. 2 638 962.99　　**7.** 2 478 390.57　　**8.** 2 014 328.95　　**9.** 1 319 094.52　　**10.** 564 564.50

二、乘算

1. 3 866.64　　**2.** 38 277 656.00　　**3.** 3 607 942.00　　**4.** 3 026.94　　**5.** 33 254 126.00
6. 15 117 690.00　　**7.** 1 362.45　　**8.** 252.26　　**9.** 1 120.92　　**10.** 18 091 304.00

三、除算

1. 294.00　　**2.** 948.00　　**3.** 51.84　　**4.** 641.00　　**5.** 582.00　　**6.** 682.00　　**7.** 2 614.00
8. 653.00　　**9.** 372.00　　**10.** 40.28

模 拟 题 九

一、加减算

1. 220 460 466　　**2.** 215 680 815　　**3.** 122 645 124　　**4.** 139 006 744　　**5.** 45 635 105
6. 916 426.98　　**7.** 2 301 015.64　　**8.** 2 724 843.42　　**9.** 1 233 084.96　　**10.** 1 064 133.37

二、乘算

1. 3 320.47　　**2.** 2 516.86　　**3.** 27 172.41　　**4.** 1 336.69　　**5.** 21 256 032.00
6. 5 497 395.00　　**7.** 163 202 006.00　　**8.** 47 696 202.00　　**9.** 8 505 063.00　　**10.** 5 564.18

三、除算

1. 36.49　　**2.** 24.58　　**3.** 49 068.00　　**4.** 656.86　　**5.** 741.17　　**6.** 796.00　　**7.** 316.00
8. 410.58　　**9.** 295.00　　**10.** 738.00

模 拟 题 十

一、加减算

1. 269 416 201　　**2.** 186 359 004　　**3.** 182 308 230　　**4.** 116 508 190　　**5.** 28 897 742

6. 8 203 632.16　　**7.** 2 189 778.07　　**8.** 2 512 196.68　　**9.** 1 531 365.75　　**10.** 1 007 279.57

二、乘算

1. 3 623.24　　**2.** 4 584 018.03　　**3.** 9 134.71　　**4.** 2 513.03　　**5.** 15 733 872.00

6. 14 148 561.00　　**7.** 228 824 666.00　　**8.** 133 870 032.00　　**9.** 18 173 444.00　　**10.** 4 918.85

三、除算

1. 35.91　　**2.** 560.78　　**3.** 320.45　　**4.** 690.10　　**5.** 9 073.00　　**6.** 219.67　　**7.** 70 430.00

8. 605.13　　**9.** 914.00　　**10.** 802.00

教学课件索取单

敬爱的老师:

　　感谢您使用 21 世纪中职教育规划教材。为了方便您的教学,本书配有相关的教学课件。如果您需要,请您填写下面表格中的相关信息,并以电子邮件的形式发到我社,我们在核对您的信息后,会免费向您提供教学课件。

　　我们的联系方式:

地址:上海市中山西路 2230 号立信会计出版社　　　　邮编:200235

电子邮件:victoria_tysx@yahoo.com.cn　　　　电话:(021)64411223

姓　　名		性别		身份证号			
学　　校			学院、系			教 研 室	
学校地址						邮　编	
职　　务			职　　称			办公电话	
E-mail			手　机			宅　　电	
通信地址						邮　　编	
教材用量		册	委托订购单位				

您对本书的使用有什么意见和建议?

_____

_____

_____

_____